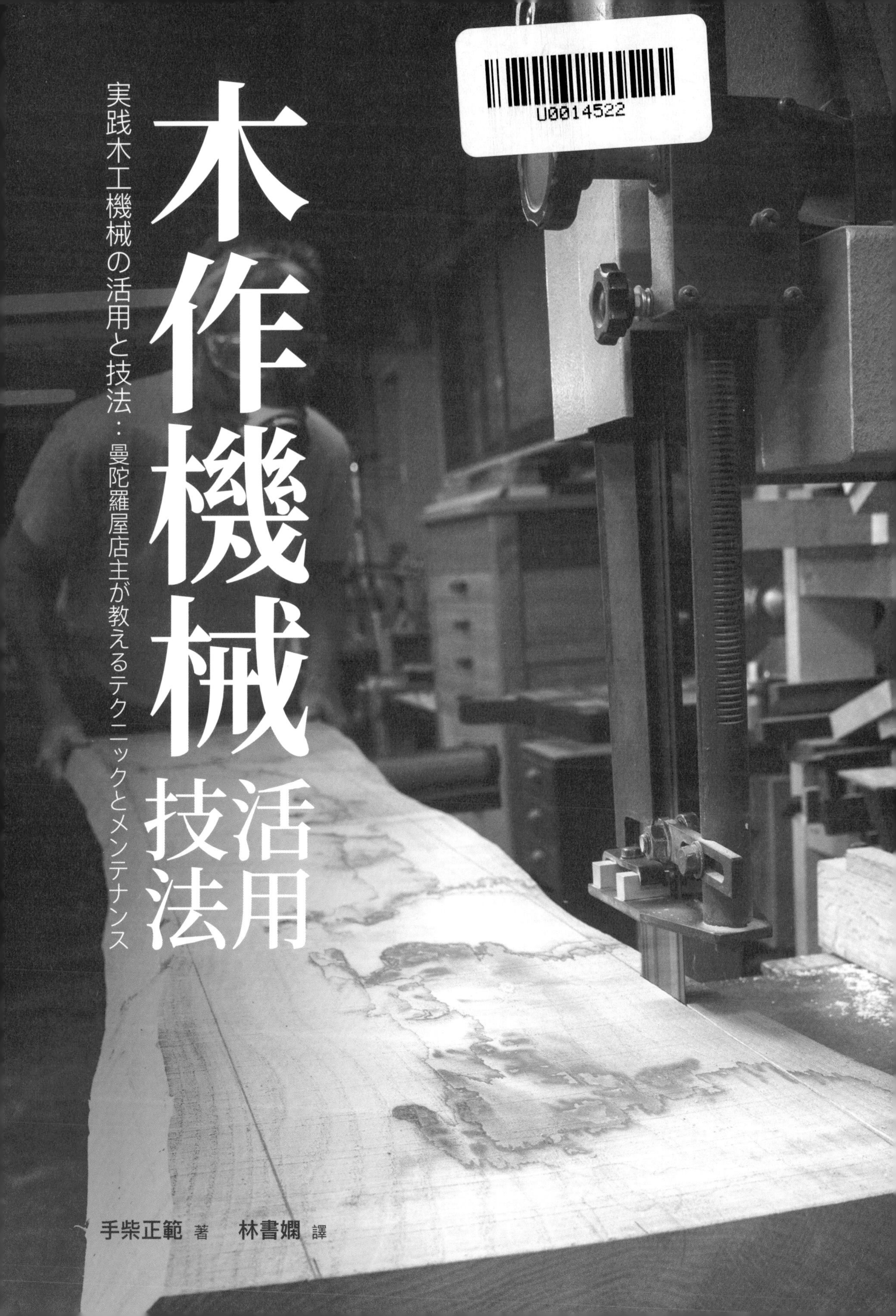

木作機械活用技法

実践木工機械の活用と技法：曼陀羅屋店主が教えるテクニックとメンテナンス

手柴正範 著　林書嫻 譯

前言

在前作《木作手工具研磨整修》中，我從各種角度介紹享受木作很重要的手工具研磨整修的方法。使用狀態良好的工具，才能輕鬆加工木材。而且狀態良好的工具可讓人隨心所欲地操作，從事木作的同時，還可體會到使用手工具的樂趣。

然而，在各式各樣木工機械普及的現代，木工作業並不會從頭到尾都使用手工具。

專業的木工師傅為了在加工時能夠精確且有效率地製作木工作品，使用木工機械的比例也變多了；而對業餘木工愛好者來說，要在有限時間內享受木作，會藉由機械縮短所需的製作時間，也可補足自身缺乏的技術。就這層意義上，木工機械的輔助相當有助益。

木工機械種類繁多，包含採伐到製材、木造建材等的加工機械。其中，用於木作的機械部分，我會以自己經營家具工坊的經驗、從失敗中習得的知識，介紹打造工坊時應注意之處、所需的木工機械的種類及其使用、調整方式等，希望對有志於成為專業的人士，或也想使用木工機械，在製作作品時更精確地加工的業餘愛好者，提供些許可供參考的資訊。

雖然不知道木作的精確定義，但我認為是將原木製成的板材、角材，藉由切割、削切、加工、塗裝收尾等直到完成作品的過程。倘若在一知半解下買下木工機械，不僅無法好好發揮其性能，還可能造成機械損壞甚至讓自己受傷。

期盼本書能夠協助各位讀者，安全地進行木作。

木作手工具曼陀羅屋 手柴正範

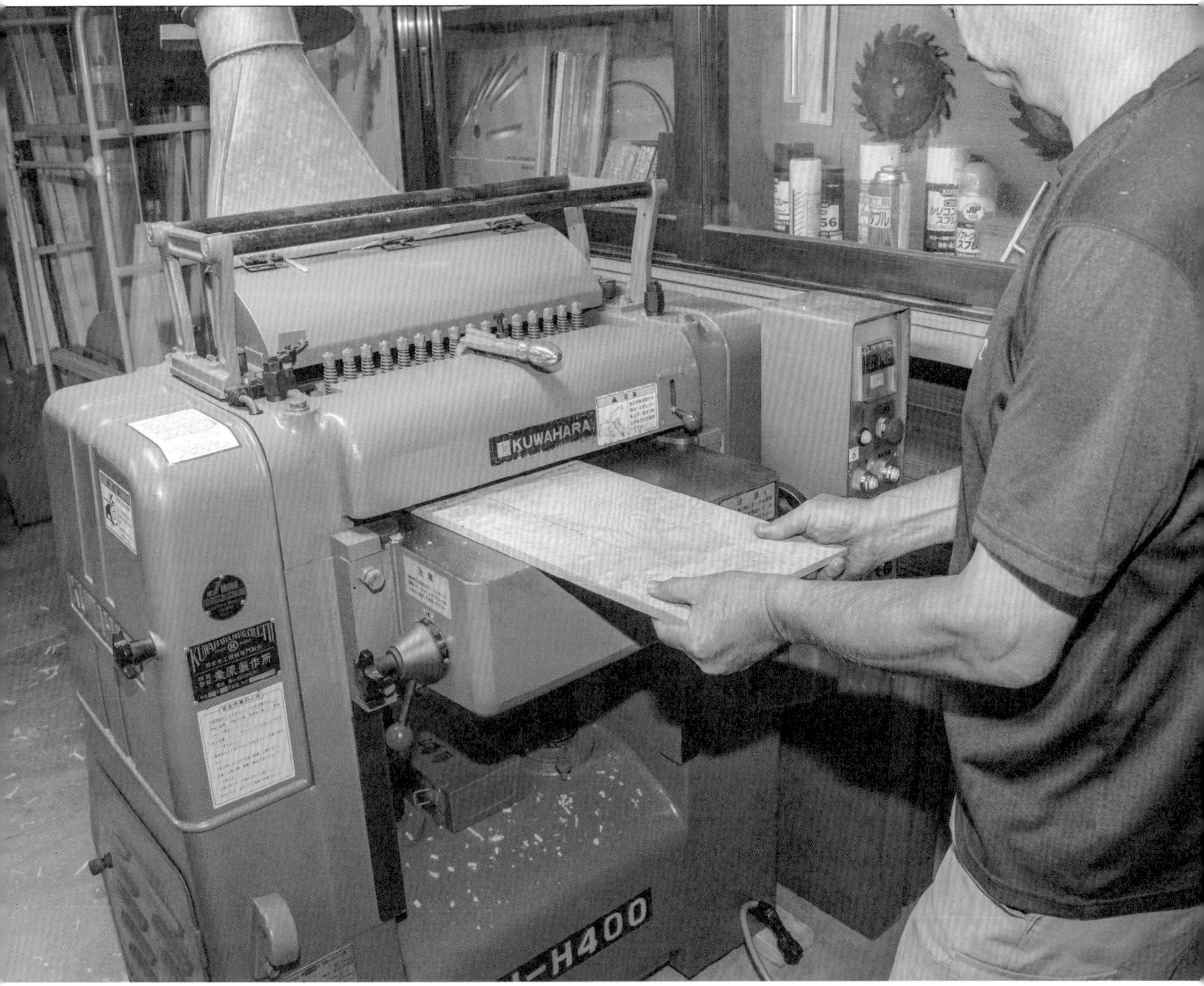

本書注意事項

● 操作木工機械時，稍有不慎就可能造成重大事故。作業時務必注意安全。

● 木工機械、電動工具並未有各項作業的明確使用說明書。與其因為不具備知識而帶來使用上的危險，若能閱讀本書做為參考，讓使用者稍微掌握使用方式、進而減少風險，是很重要的事，因此寫下這本書。

● 本書在使用木工機械時，因應不同的作業內容，為清楚呈現加工部分，有時會拆下安全護罩。此外，筆者持有的機械較老舊，有些機種可能因作業內容無法設置安全護罩。在作業時請自行注意。

● 本書所使用的機械，是以筆者持有的機械為範例來刊載其基本作業與保養方法，不同機具可能有所不同，必須依機種調整。

● 本工坊的設備設置等經日本相關法令、條例核准。工坊設備設置時請遵從中央、地方政府的相關條例。

目錄

用照片介紹木工機械

切割木材的機械，依其目的有好幾個種類。有在切割製材後的板材時使用的機械、有可依墨線準確地裁切的機械等，大多數都是木工作業時不可缺少的機械。

帶鋸機 鋸切

從切割木材開始，
專業木工不可欠缺的機械

平台圓鋸機

鋸切

用途廣泛，木工師傅一定會使用的機械。

推台鋸

鋸切

進行穩定的作業時，可執行精確度高的橫切。

單面自動鉋

鉋削

專門用來將材料鉋削成相同厚度的機械。

手壓鉋

削切時用來鉋削第一基準面與第二基準面不可或缺的機械。

鉋削

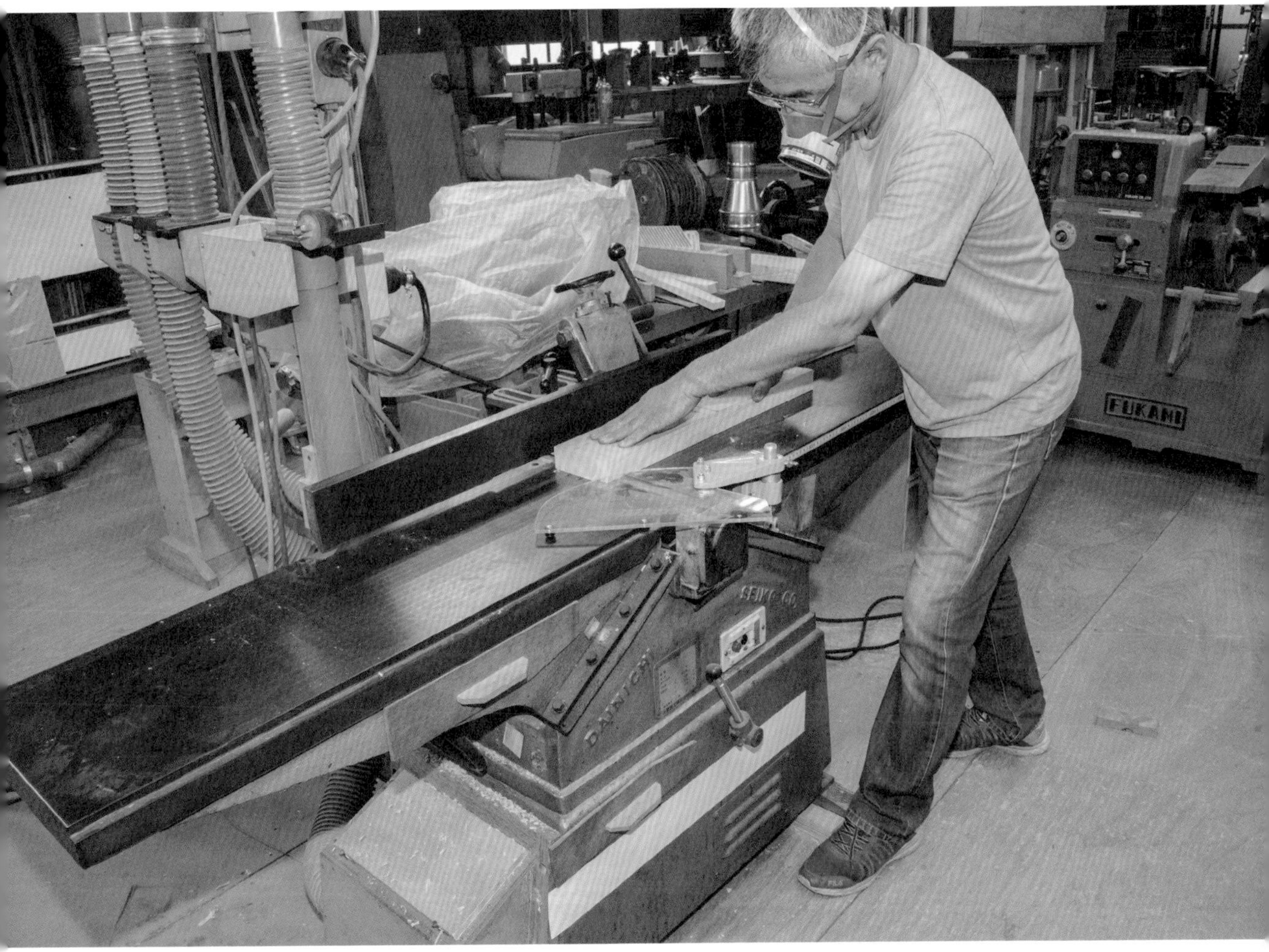

要將彎曲、反翹的板材加工到平坦光滑且可以上墨線的狀態，會以單面自動鉋搭配手壓鉋使用。使用這兩台木工機械，加工精確度可大幅提升。

鑽孔機
專門用來鑽取圓孔的機械。除了木材，
也可在塑膠、金屬等上面鑽孔。
鑽孔

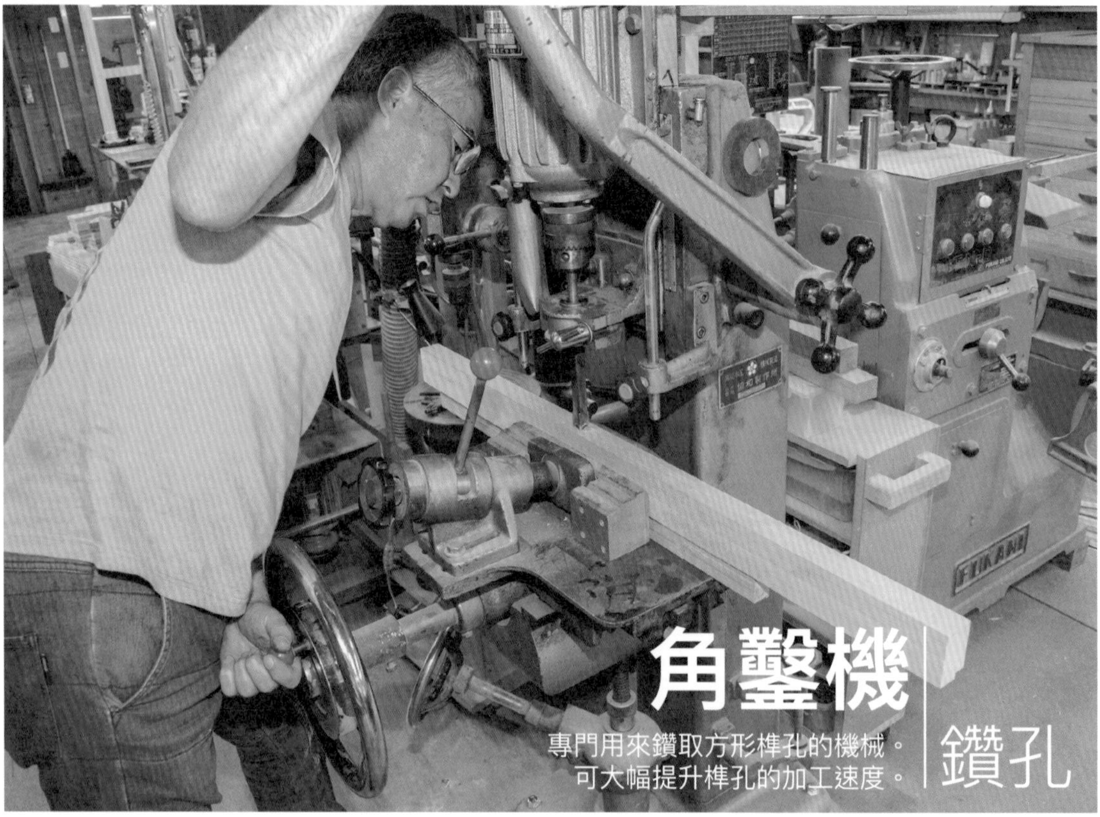
角鑿機
專門用來鑽取方形榫孔的機械。
可大幅提升榫孔的加工速度。
鑽孔

砂帶機｜砂磨

在木工作業的收尾階段，能夠大大發揮作用。
用來進行砂磨作業極其有效率。

經鋸切、鉋削的機械加工過的木材，要在其上鑽孔，使用的是鑽孔機、角鑿機。砂帶機則是用於表面砂磨，是在製作大量作品時相當可靠的機械。

木工機械的種類與用途

用於木工的機械

固定式的木工機械，依據用途可分成鋸切、鉋削、鑽孔、砂磨等類型。其他也有如鳩尾榫台，是專門用來製作鳩尾榫的機械；或是用來製作圓形器物的木工車床；或是吸取使用加工機械時產生的木屑、木粉的集塵機等。

大型機械中，有些機械的使用目的是為了製材或大量生產，一般個人的木工師傅不會使用這類機械，本書將以工坊師傅、接近專家程度的業餘木工愛好者為對象說明。

本書認為DIY與專業木工應該有所區別。

DIY是指使用2×4角材、集成材等已被製成板狀的木材產品，在其上畫上墨線，再加工組裝的木工；專業木工則是購買切割原木而成的木材，從切割、削切開始的木工。

若要以專業木工為目標，必備的機械有平台圓鋸機、推台鋸、單面自動鉋等，其中有不少機械需要委託專業廠商來設置，也必須在具備專業知識下使用。

這些都是提供專業人士使用的機械，坊間應該很少有書籍會針對如何使用這類機械詳加說明。因此，對於第一次購買這類機械的人，我會盡量詳細地說明基本資訊。

接下來，就讓我們一起探索專業木工所需的基本機械，也就是以鋸切、鉋削、鑽孔、砂磨為目的的機械。

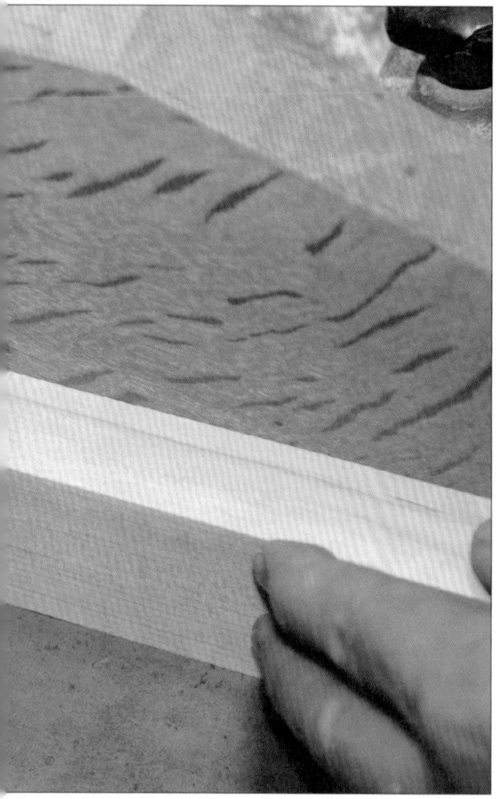

用於鋸切的木工機械

用於鋸切的機械有帶鋸機、圓鋸機、立式裁板鋸、線鋸機等。

帶鋸機是以兩個鋸輪，驅動帶狀的鋸片來鋸切木材。用於原木製材的是大型帶鋸機；而本書說明的是木工帶鋸機，用途是切割木材。

圓鋸機，廣義來說是將圓鋸固定在鋸台上的機具，從製材用的大型機械到桌上型各種類都有。

本書中的圓鋸機，是指可在居家裝修中心購買且較偏向業餘使用的機種。對木工師傅來說，平台圓鋸機、推台鋸等是重要的機械，將從圓鋸機裡區分出來，後面將一一說明。

立式裁板鋸能以直線裁切大片的薄板、集成材等，在個人經營的工坊並不常見，所以本書不多做說明。

線鋸機的使用目的和手提線鋸機相同，是讓線鋸的鋸片上下移動，再一邊移動置於桌上的材料進行裁切。相較之下，偏向手工藝。本工坊是更換成帶鋸機用的鋸片，用來曲線切割，因此本書只會簡單介紹線鋸機。

用於鉋削的木工機械

用於鉋削的機械，是與手工具的平鉋有相同功用的機具，有手壓鉋、自動鉋、表面自動鉋木機等種類。

手壓鉋，是用來將材料相鄰的兩個面削切成直角的機械。

自動鉋，可將手壓鉋鉋削平整的兩個面，將其中一個面和與其相對的面鉋成同樣的厚度。

一般來說，這兩台機械會搭配使用，可鉋削出有正確的四角的面。

至於表面自動鉋木機，用來去除自動鉋鉋削後留下的刀痕、滾筒上的木屑沾黏等造成的壓痕，可讓木材表面光滑像是用平鉋鉋削過。

用於鑽孔的木工機械

用於鑽孔的機械有角鑿機、鑽孔機等。

角鑿機的功能與手工具的鑿刀相當，是可以鑿出方孔的機械，也會用來鑿榫孔。

鑽孔機是用來鑽取圓孔的機械，相較於電鑽起子機等手提式電動工具，鑽孔機則可以鑽出難度較高且正確的孔。

用於砂磨的木工機械

大多數的木工作業會在收尾階段進行砂磨。雖然也會用手拿著砂紙砂磨，但考量效率，使用被稱做砂磨機的機械，能在較短時間內完成砂磨。

雖然有固定式的砂帶機，但已經組裝完成的櫃子、桌子若需要砂磨，必須使用手提式的砂紙機等電動工具。

關於電壓

在日本，木工機械有單相 100V 及三相 200V 的規格。

如果是 100V 規格的機械，插入家用插座即可使用。倘若要使用三相 200V 規格的機械，就要委託水電行另外拉 200V 的電線。（註：在台灣，一般的電壓為 110V，若需使用三相電需要向台灣電力公司申請。）

三相 200V 的機械功率較高，即使對馬達施加負載，仍可穩定轉動。機械本身的結構相當堅固，即使買的是二手貨也能用很久。也因為削切時較精準，所以專業木工師傅所用的機械中，大多數是三相 200V 的機械。

一般來說，業餘木工愛好者採購所需的機械時，100V 規格就已足夠。請讀者自行判斷要提升到哪一等級的木作，本書所介紹的是我認為不可或缺的機械。

其他的機械

木工作業中，經常會需要一次加工大量同樣的構件。舉例來說：相同尺寸的抽屜側板、背板等，抽屜愈多，構件的數量也愈多。

只需要裁切，可以使用平台圓鋸機。但如果是製作小型溝槽、榫卯加工等，將木工雕刻機、木工修邊機固定在自行製作的工作台上再行加工，會更精確。又或是加工鳩尾榫接合時，會利用專用的鳩尾榫台。

這些機械中，有一些是偏向 DIY 使用；有一些是依據作業的需求，持有的話會比較方便的機械。本書則是以個人的經驗，介紹我認為必備的機械。

此外，也有非固定式的手提電動工具。將會依據鋸切、刨削、鑽孔、砂磨等目的，分門別類依序介紹。這類機械不僅在 DIY 時經常使用，就連在專業書籍中，都會設法介紹將其改造成固定式使用的方法。

只不過，手提電動工具的精確度，仍然比不上固定式機械，本質上也偏離了專業木工的範疇。所以本書的手提電動工具，是考慮使用了會更為方便的情況，並僅做為手提工具來做介紹。

關於集塵

木工工坊中也必須考慮集塵問題。

鋸切、刨削、鑽孔、砂磨等用於木工基本加工的機械若是一應俱全，表示加工時會產生大量的木屑、粉塵。

木屑、粉塵是木作過程的負面副產品，如果集塵效率不佳，只會浪費更多作業時間。

過去也曾有家具工廠發生粉塵爆炸的事故。

請在完善的安全措施之下，享受木作。

用於鋸切的機械
種類與用途

鋸切木材的機械

鋸切木材的機械有帶鋸機、圓鋸機、平台圓鋸機、推台鋸等。

一般來說，工坊中的木工作業，不會從原木開始製材。

製作桌、椅、抽屜時，幾乎都是使用板材。也就是在木材行、製材廠等購買板材後，再行切割。

上述的「切割」，是指將製材過的板材、角材，切割成所需的尺寸。

將切割後的木材加工到可以上墨線的狀態，稱為「削切」。

不同地區，或許在說法上略有差異。本書的「切割」、「削切」，則是依據前述定義來使用。

除此之外，雖然不會使用「切割」、「削切」，但要在木材上切鑿出細緻的花紋時，會使用線鋸機。線鋸機雖然也是用於鋸切的機械，比較是偏向手工藝的機械。

帶鋸機 (band saw)

切割作業中，帶鋸機是用來在製材過的木板上縱切。最近也有適合DIY使用的桌上型機械，用途相當廣泛。

將各式機械都考慮進來，用途就會變得很廣。不過，本書對象是針對以專業木工為目標的人，所以會以縱切製材過的長板為目的來解說。至於其他的用途，會在安全使用的前提下，依序介紹便利的使用方法。

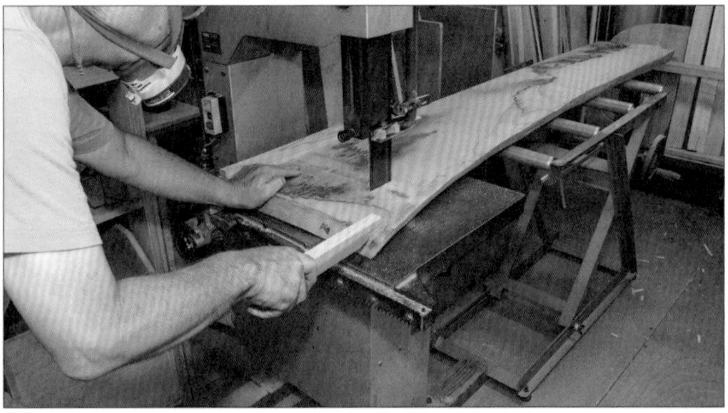

推台鋸

依所需長度裁切材料時，使用推台鋸相當方便。

推台機分成圓鋸片從零度傾斜至四十五度的軸傾斜推台鋸，與專門用來垂直裁切的推台鋸。因為是將材料置於鋸台上推送，鋸切沉重的材料、大型材料等能夠很穩定，是用來切割桌板等相當便利的機械。

也因此，推台鋸幾乎都是專業等級的大型機械，體積非常龐大，如果不是專業的工

坊，應該難以設置。

但也有如Petty Work（註：日本協和機工株式會社－協和製作所生產的機種）等小型機種，不使用的時候，可用輪子移動。

平台圓鋸機

平台圓鋸機是升降鋸台，將削切過後的木材抵著導板（擋板），邊移動材料來裁切的機械。也有鋸台為水平狀態、鋸片可傾斜的軸傾斜圓鋸機。

因為平台圓鋸機的鋸片會露出來，必須非常小心以免受傷。只要設定好導板和鋸片的寬度、鋸片突出的高度，就可以將複數的材料加工成同樣的尺寸，如榫頭的榫肩加工等，是專業木工師傅一定會用到的機械。

平台圓鋸機的規格基本上是三相電200V，但也有單相電100V規格的機種。

圓鋸機（table saw）

推台鋸、平台圓鋸機的規格機乎都是三相電200V，所以無法在單相電100V的用電契約下使用。為了解決這項難題，通常會使用圓鋸機。

圓鋸機中大多數的規格是單相電100V，許多DIY愛好者會使用這類機種。雖然相較於三相電200V的機械，其功率與加工精確度上必然較差，但是經過充分地調整，在作業時不慌不忙、不過度用力，加工上就可以有不差的精確度。

其他還有如桌上型圓鋸機等體積更小的機械，但這些機械都較偏向DIY使用，本書就不多做介紹。

線鋸機

這機器可以隨心所欲裁切複雜的曲線、挖空等。

基本上，製作盒箱、木架等直線型的木工作品時不會使用。不過如果是想在抽屜的背板上鑿出圖案，或在木架的背板上緣做出裝飾時，有線鋸機就會很方便。

曲線切割時，通常不需要如直線般精確，倘若只是想在加工的作品加上裝飾，那麼用桌上型的線鋸機，或是使用頻率更低的手提線鋸機即可，但請注意加工精度就不會那麼精確。

因為本工坊中不使用線鋸機，所以略過使用方法不加以說明。

帶鋸機

帶鋸機主要用於切割。雖然也有放在桌上使用的小型機種，如果目標是專業的木作，就會需要馬力更高、較大型的機種。

帶鋸機可以做什麼

切割時不可或缺的機械

主要是在切割材料時用來縱切。因為有著密布的鋸齒，也可以用來曲線鋸切。

這類機械依據作業的流程，還能夠直接用來橫切，只不過僅可大致切割，難以進行榫肩等需要準確切割的加工。

即使是大型機械，只要在治具上運用巧思，也能用在細小原木的製材。鋸台通常為水平狀態，還可以傾斜鋸台來切割板材。

雖然依據機種及調整的程度，也有可能在削切時讓切割面接近平整光滑。然而，要達到榫接器物般精密的榫頭加工仍很困難。

要將較寬的面朝下縱切時，可以將材料穩固地置於鋸台上。但如果是（端面）厚度較厚、寬度較窄的材料，要切割成薄板時，會難以穩定地在鋸台上切割。這時可以提高導板的擋板高度，使接觸材料的面積變大，作業時就會較穩定。

特別是闊葉樹材，常有彎曲、反翹的狀況，依嚴重程度，在切割前先以手壓鉋，將材料要靠著鋸台與導板的那一面削切成平面與直角，在切割時就會更正確。

因為切面還需要砂磨拋光，所以帶鋸機僅用於切割。

供DIY等級使用的小型機械，雖然用途相同，能處理的板材厚度、大小都受到侷限。特別是硬質的闊葉樹材會讓馬達負載沉重，難以輕鬆地加工。

性能需求

用在DIY程度的加工，馬達功率只需要約一馬力（0.75kw）就沒有問題。如果是家具工坊，因為要處理從原木製材而成的厚實闊葉樹材等，需要馬達功率二馬力（1.5kw）等級的機械。

帶鋸機也常用來切割，特別是堅硬的闊葉樹材，但會因為負載較大讓馬達的轉速降低。如果是能夠花時間慢慢切割一張板材的業餘木作，就算功率較低的機械也沒問題；如果想要維持送料速度、不降低作業效率，還是需要使用二馬力等級的機械。

除此之外，要讓帶鋸機發揮最大效能，重要的是鋸片要隨時保持鋒利的狀態。

各部位名稱

帶鋸機和其他切割用的機械一樣，如果用法錯誤就會非常危險。在使用之前，請充分掌握機械的結構，作業前也請檢查各個必須檢查的部位。

各部位的名稱會因製造商、使用者而不同，本書將以本章介紹的名稱於後面章節統一使用。

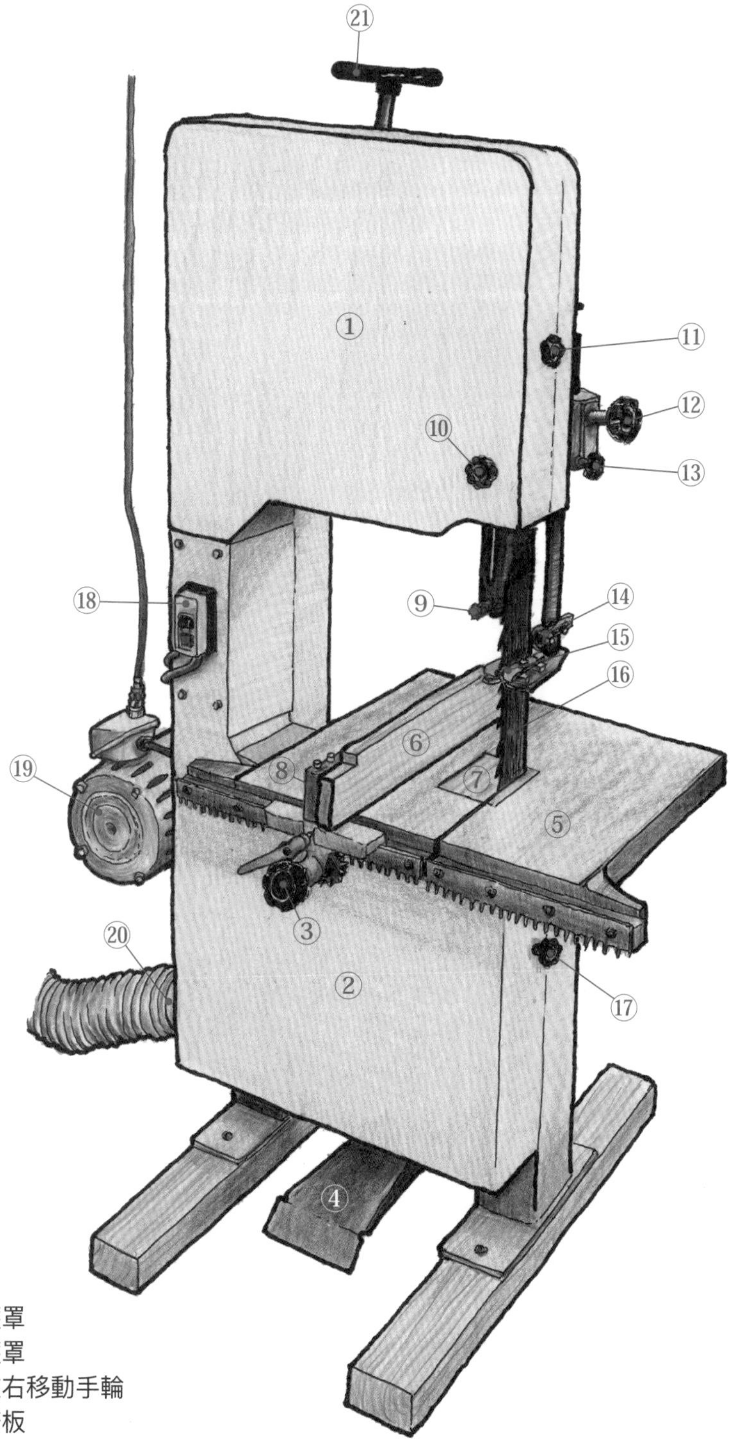

①上輪護罩
②下輪護罩
③導板左右移動手輪
④煞車踏板
⑤鋸台
⑥靠木
⑦嵌入板
⑧導板
⑨鋸片罩升降旋鈕
⑩鋸片罩固定螺絲
⑪上輪護罩固定旋鈕
⑫壓板、導輥升降手輪
⑬壓板、導輥固定旋鈕
⑭導輥
⑮壓板
⑯帶鋸片
⑰下輪護罩
⑱開關
⑲馬達
⑳集塵口
㉑上鋸輪升降手輪

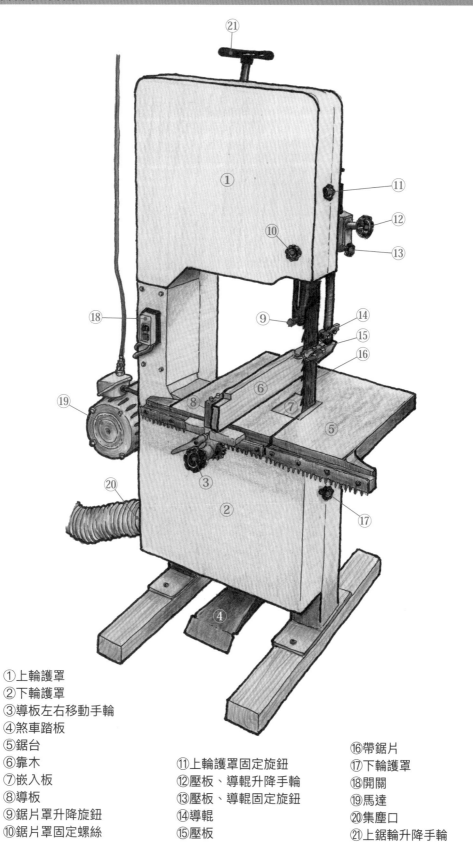

打開上輪護罩，檢查帶鋸片是否偏離軌道。

轉動可調整鋸片進出的手輪，調整到鋸片可保持在固定位置轉動。

用手慢慢轉動鋸片，檢查鋸片的鬆緊程度、有無破損等。

如果是設有煞車的機種，請務必檢查煞車是否正常。

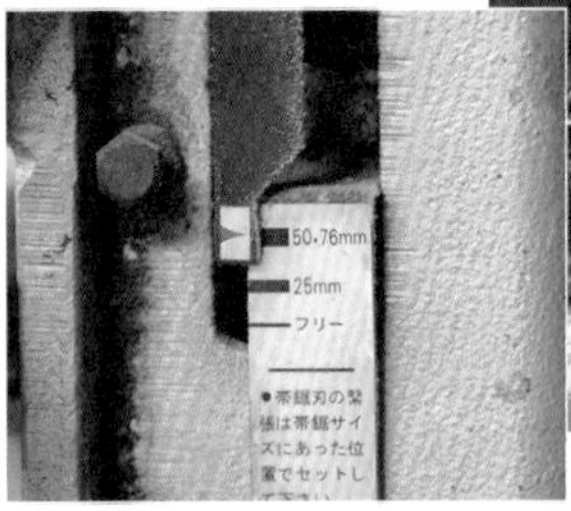

邊觀看鋸片的張力表，邊將其調整到適當的鬆緊度（下）。

轉動上鋸輪的升降手輪，調整鋸片的鬆緊（上）。

使用前的檢查

帶鋸機是以上、下的鋸輪來驅動帶狀的鋸片轉動，以切割木材。因為鋸片是以高速轉動，倘若在未注意到鋸片鬆掉或是鋸片破損等狀況下使用，可能會引發嚴重的事故。

啟動前、啟動時一定要檢查的項目如下：

- 鋸片的鬆緊程度
- 鋸片是否有破損
- 是否偏離軌道
- 設有煞車的機種，要檢查煞車

鋸片的鬆緊程度，是以上下移動上方的鋸輪，將鋸片調整到合適的鬆緊度。

因為鋸片為帶狀且很長，請用手緩慢地轉動鋸片，檢查是否有裂痕、彎曲等。

打開上輪護罩，用手轉動鋸輪，檢查鋸片是否會左右移動。如果鋸片會偏離鋸輪左右移動，請旋轉鋸片的進出調整手輪，調整到可保持在固定位置上轉動的狀態。

開啟電源，如果聽到異常的聲音，請立刻關掉機器找出原因。如果是有一定頻率的雜音，原因一定是出在鋸片上，請檢查鋸片是否彎曲或破損。

在使用之前，請注意務必進行上述的各項檢查。

如果導板與鋸片不平行，材料就會愈來愈偏離導板。

各部位檢查調整

除了在使用前、開機時的檢查外，也請不要疏忽定期檢查。可以在需要更換鋸片的時間點一併檢查。

此時，會進行以下幾個程序。

- 游移調整
- 鋸片與鋸台的直角
- 調整壓板的位置
- 調整導輥的位置

游移是指導板與鋸片兩者非平行時會發生的現象，材料可能會逐漸偏離導板，又會是反而愈來愈靠近導板，使材料被卡住且動彈不得的現象。

當切割又厚又大的材料時，將材料緊緊橫靠在導板上，有時會讓導板偏離原本的位置。在這種狀態下裁切材料的話，即便切割時靠著導板向前推進，材料也會被切歪，此時就需要調整游移狀態。將導板靠著鋸片，調整導板直到平行鋸片。

鋸片與鋸台是否垂直，請使用角尺檢查。如果兩者非垂直，可鬆開鋸台下的傾斜鎖來調整。

壓板是為了讓鋸片在轉動時可維持在同一位置，作用如導軌。依機種可能有電木的壓板或滾珠軸承的壓板，但調整的方式大同小異。

通常在壓板跟鋸片之間，會留約一張明信片厚度的空隙，依機種、要切割的材料的硬度等，又或是使用者的習慣，調整方式都不相同，所以

調整游移時，請將兩側為平行的導板靠著鋸片，將導板調整到平行。（鋸片為靜止）

以角尺檢查鋸片與鋸檯是否為垂直，如果兩者非垂直，鬆開鋸台的鎖來調整。

要讓鋸片在轉動時不會偏移，通常會將壓板與鋸片的間隙調整到約一張明信片寬。

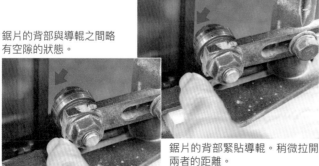

鋸片的背部與導輥之間略有空隙的狀態。

鋸片的背部緊貼導輥。稍微拉開兩者的距離。

確認導輥與鋸片背部貼近的程度。

請在使用時找到適合自己的調整方式。

以重複輕壓開關的寸動（inching）來操作，導輥請調整到幾乎貼上鋸片背部，但又不會貼上去的位置。

轉動鋸片時如果鋸片會大幅搖晃，可能是鋸片的中間已經彎曲，此時請更換鋸片。

安全守則

帶鋸機是以高速轉動環狀鋸片來切割材料。使用方式一旦錯誤，就可能造成嚴重的傷害。請重視安全守則，遵守以下事項：

- 如果出現異常的聲音，請先關掉開關。
- 在鋸片轉動中，不要打開護罩或改變鋸片的鬆緊程度。
- 很難壓住的材料，請使用推桿、推把。
- 不將手置於鋸片的軌道上。
- 除了更換鋸片，一律從背部拿取。
- 切割圓木棒時，可能會有被捲入的危險，所以在切割時以治具、虎鉗等夾住。
- 切割薄板、較短的板時，在材料下鋪上合板，以夾具等固定後再切割，以免被捲入。
- 特別是較短的材料，請小心不要被捲入。如果木片卡住，可能會讓較細的鋸片斷裂。

需留意上述事項，如果發

材料若是不好按壓，手太靠近鋸片時一定要用推桿。

重新製作嵌入板

帶鋸機的嵌入板，使用久了會逐漸愈變愈寬。當覺得變太寬的時候，請馬上更換。

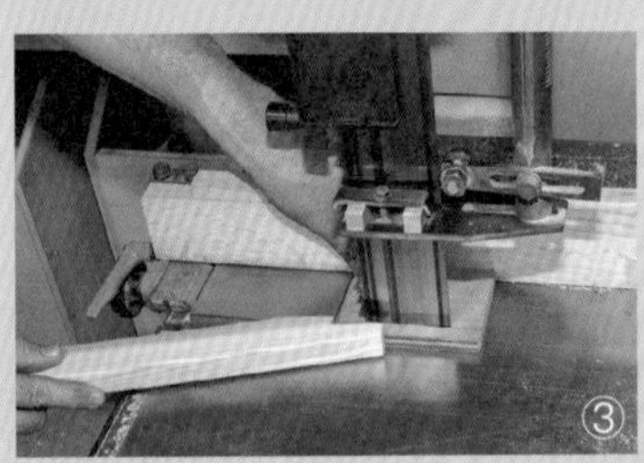

①嵌入板的背面，可用木螺絲調整高度。
②將嵌入板切割到可以嵌入的大小，鋸片背後畫記號方便對齊。
③使用推桿，切割到畫有記號的位置，往旁邊移動約 0.5mm 再切割一次。
④裝上①的木螺絲，調整至適當的高度。

為了能穩固地推送材料，設置承接材料的架子。

現哪裡不太對勁，就請停止作業，注意安全。

作業篇

一個人作業時，材料容易會不穩固，所以在作業前，先在材料的前、後設置承接材料的架子。

檢查鋸片的鬆緊程度、壓板和導輥與鋸片的間距，將推桿放在伸手可及之處再開始作業。

緊抓材料的兩側。

配合要切割的材料的質地、厚度，施加適當的力量推送。

◆直線切割作業

因為有可能會手滑而切傷，所以請留心，絕對不可以讓手、手指等正對著鋸片，身體需要站在正面對著鋸片的位置。

以雙手緊抓要加工的材料兩側，將鋸片沿著墨線緩緩向前推送，開始切割。

使用者的視線範圍。在墨線與鋸片不會被遮擋的位置切割。

當鋸片一碰到材料，馬達的轉速會微幅下降，這很正常。如果沒什麼異常，可提高切割的速度。

切割材料側邊時，在不使用導板的情況下，要站在能看清楚整個墨線與鋸片的位置。

若裝上導板，切割時材料要緊貼導板、不可分離，並盯著鋸片與材料前端。

確定材料前端已切割的部分有確實進到架子上，要一邊注意鋸片一邊推送材料。

靠著導板切割時，也請邊注意鋸片邊切割。

若材料在進到架子上後就不再緊貼導板，表示架子的方向並非直線。

如果是沉重的材料而必須用力推送時，請順其自然只依前進的長度推送。在手離鋸片尚有段距離時，就先暫時停止，移動到已經切割的另一端，捉住材料的兩側緩緩向後拉，好切割剩下的部分。

如果情況允許，事先找到能幫忙接住材料前端的人會比較安全。

◆曲線切割作業

作業前，事先查好曲線的半徑，準備能夠切割曲線的合適寬度的鋸片。

曲線切割時，一定會需要強力壓著鋸片，所以事先在墨線中間切出切口。曲線的半徑較小時，切出多一點的切口比較能順利地鋸切。

要能順利地鋸切出曲線，訣竅是坐在鋸片的正面，接著依照要切割的曲線，配合鋸片轉動。

鋸切完成後，關閉開關，打掃周邊環境，擦去黏在鋸片上的木屑、樹脂之後，將鋸片放鬆。

上曲線切割時的墨線。椅子的椅面事先做好版型，在製作同樣構件時就很方便。

鋸切半徑較小的曲線時，使用寬度較狹窄的鋸片。

緩緩移動材料，以相同速度來鋸切。

鋸切曲線時需強力壓著鋸片，事先朝墨線切出切口。

在護罩內側貼上合板

帶鋸機的鋸片在鋸輪處也會偏移。鋸片若碰到護罩內側，會因此損傷。可以在護罩內側貼上合板，事先防範這類意外的發生。

更換帶鋸機的鋸片

帶鋸機的鋸片變鈍時，要請專門的廠商幫忙研磨。為了在鋸片送去研磨時還是能夠作業，幾乎所有的專業木工師傅都會準備2組相同的鋸片，以便更換。此外，有時也會需要更換成寬度較窄的鋸片，請牢記更換鋸片的步驟。用於曲線切割的細鋸片不會重新研磨，用完直接丟棄。

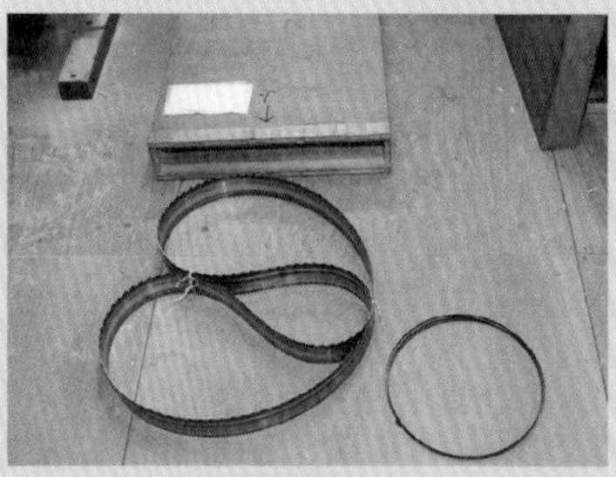

1

研磨後送回來的鋸片。以此狀態放入木箱內存放。木箱是手作的。

2

轉動上鋸輪的升降手輪，使上鋸輪往下降。

3

打開上、下輪護罩。

4

拿取鋸片時，請抓著中間避免碰到鋸齒，將鋸片從上鋸輪移開。從鋸輪卸下的瞬間鋸片可能會反彈，要非常小心。

5

緊抓著要更換的鋸片的中間，讓上側形成一個大圓，沿著壓板的溝槽，將鋸片掛在上鋸輪上。

6

鋸片掛在上鋸輪後，再將下方的鋸片套進下鋸輪。

7

以手轉動上鋸輪，調整鋸片的位置，轉動上鋸輪升降手輪使鋸片繃緊。

8

調整鋸片的進出與壓板的位置，關上上、下方的護罩。

9

請務必從背面拿取換下的鋸片，於中央重合，並以鐵絲綑綁。

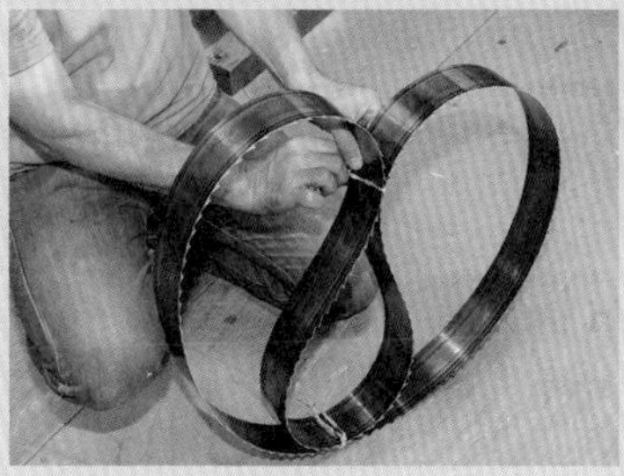

10

從鐵絲綑綁處再往內折，並將重合處以鐵絲綑綁。這樣就會跟存放的鋸片處於同樣的狀態。

平台圓鋸機

可以安裝種類豐富的圓鋸片、槽刀等，對於削切過的材料有很好的加工效率。除了鋸切功能，還可以進行削切榫頭、L 型溝槽等加工，對木工來說是不可或缺且應用範圍廣泛的機械。

平台圓鋸機可以做什麼

對木工來說不可或缺的機械

這部機器的圓鋸部分被固定住，升降鋸台、將加工木材靠著縱切（平行）導板，再移動木材來鋸切。軸傾斜圓鋸機的鋸台則可以傾斜。

可以沿著木紋以縱向推送材料來鋸切，或使用角度規（Miter Gauge），以垂直木紋的方向或斜角來鋸切。

基本上，平台圓鋸機是在削切過的材料、上墨線後加工的階段使用，並非是用來加工原木材的機械。

自動鉋在將材料準確加工成均一厚度時相當有用；如果是將長寬比較大的板材加工成等寬時則使用平台圓鋸機，材料不會傾倒且作業時可保持穩定。

可安裝的圓鋸片種類繁多，適合用來切割大量相同的構件，如門窗的格紋（組子）部分。

除此之外，也能夠裝上較寬的槽刀，鑿出溝槽、L型溝槽等。甚至裝上專用的倒角刀就可以進行倒角加工，做出內彎凹弧形、圓弧形。

標準規格的平台圓鋸機附有可橫切、多角度切割用的角度規，可將角度規的導軌板插入鋸台上的槽溝（鳩尾槽）使用。

但請注意，為了讓插入溝槽的導軌板能夠順利滑動，溝槽與導軌板的尺寸不會剛剛好，所以如果是講求精確的橫切，使用推台鋸會比較精準。

因為可將鋸台傾斜，所以能夠切割需要一定精確度、斷面為三角形的材料。軸傾斜式的平台圓鋸機因為鋸台為水平狀態，加工時會較穩定，但因機械的性質，未設有延伸（削切榫頭）工作台。一般來說，設有延伸工作台的平台圓鋸機，用途較廣泛。

性能需求

如果是製作榫接器物的木工，會以右側的延伸工作台（作榫台）來鋸切榫頭；但也有在推台鋸裝上治具後鋸切榫頭的方法。其他的機械中，唯有作榫用的專門機械可以準確且安全地加工榫頭。該類機械並非是基本的木工機械，所以本書不會介紹。

這台機械以金屬鑄造而成相當堅固，對經常需要將複數材料加工成同樣大小的專業木工師傅來說，是不可或缺的機械。

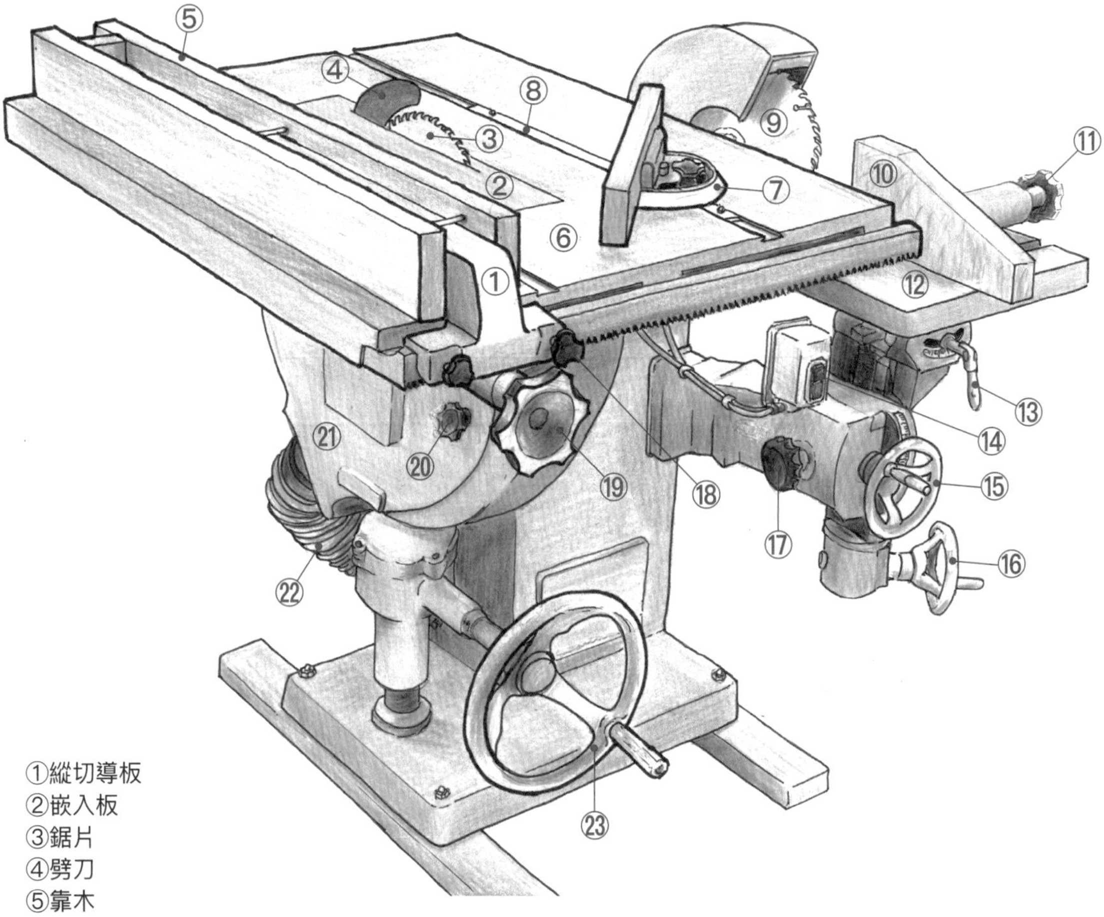

①縱切導板
②嵌入板
③鋸片
④劈刀
⑤靠木
⑥鋸台
⑦角度規
⑧導軌板
⑨鋸片（鋸切榫頭用）
⑩垂直導板
⑪垂直導板移動旋鈕
⑫延伸工作台
⑬延伸工作台傾斜手柄
⑭開關
⑮延伸工作台前後移動手輪
⑯延伸工作台升降手輪
⑰延伸工作台固定旋鈕
⑱縱切導板固定旋鈕
⑲縱切導板左右移動手輪
⑳圓鋸片護罩開關旋鈕
㉑圓鋸片護罩
㉒集塵管
㉓鋸台升降手輪

各部位名稱

平台圓鋸機是操作者正對著鋸片，用手推送材料的機械。稍有不慎，就可能會發生無法挽回的意外。在使用之前，請理解整體結構；在作業前，必須檢查的項目請確認完成。

這機器可將鋸片更換成縱切用、橫切用、開槽用等，進行多樣的加工法；也因此，有不同的加工需求時，必須更換鋸片、嵌入板等。

調整時所需的各個零件，其用意、名稱等也請牢記。

鋸片的種類

裝在平台圓鋸機上的鋸片有各式各樣的種類。用途不同，使用的鋸片也不同。以下先介紹鋸片的種類與用途。

■圓鋸片（tip saw）

如果是早期的木工用圓鋸片，一般來說，是指鋸齒與刀體都是以相同的炭素工具鋼製作的鋸片。

後來材質變成了高速鋼，目前廣為使用的是鋸齒部分為鎢鋼，並將鎢鋼硬齒焊接在刀體上的「鎢鋼圓鋸片」，通常稱為Tip saw，記憶中昭和四〇年代（註：西元一九六五～一九七四年）已在販售。

以材質來說，這種鋸片現為主流，依直徑、厚度不同有相當多樣的種類，不熟悉就容易搞混。

如果是木工機械的專賣店，店家應該會根據材種、木材的硬度予以推薦。在安全考量下，不要自行判斷，建議請店家幫忙挑選。

如果是要切割木材、鋸切榫頭，可使用縱切鋸片。

鋸片較厚不容易彎曲，可輕易鋸切出直線。但也因為鋸片厚度，木材會有較多損失，也就是要分割出更多相同寬度的木材時，能切出的片數較少。

如果要橫切，還能使用縱橫兼用的立式裁板鋸（panel saw）的鋸片，鋸切面不容易留下鋸痕，可乾淨俐落地鋸斷。

因橫切用的鋸片鋸齒數較多，在縱切時會承受更大的壓力，跟直徑相同的縱切鋸片相比，重新研磨的價格比較貴。

鎢鋼圓鋸片（橫切用）

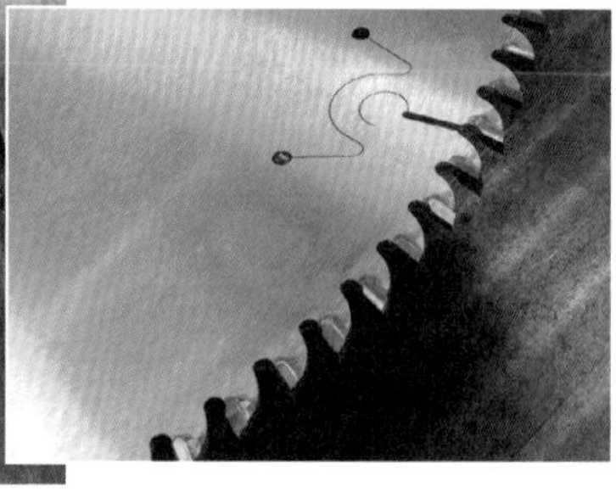

鎢鋼硬齒被焊接在刀體上的鎢鋼圓鋸片。精確度高，能常保鋒利。

鎢鋼圓鋸片（縱切用）

此為縱切用。鎢鋼圓鋸片中有各式各樣種類的刀刃。

■可調式開槽鋸片

此鋸片用單片即可自由調整槽寬，也就不需要因應不同的加工準備好幾片。

缺點是若槽寬調得太寬，在削切溝槽時溝槽底部的平面會不平整；以及橫切時側面容易不平整，加工面無法當做完成面。

■組合式開槽鋸片

在兩片鋸片之間加入墊片，這個組合可自由改變鋸刃的寬度。墊片能以0.1mm為單位調整，因此開鑿時可準確地加工。

雖然底部會完全平坦，但同一組鋸片可調整的寬度幅度還是有所限度，因應想要削切的槽溝寬度，必須先準備好幾組鋸片。

由左到右為3～4.5mm、4～7.5mm、7.5～12mm。夾入墊片就能夠以0.1mm為單位調整寬度，這三組鋸片，可在3～12mm的範圍內以0.1mm為單位調整。

組合式開槽鋸片的刀刃僅為兩片鋸片重疊的寬度，可在其中加入墊片。

■槽刀

開槽刀可做的榫肩加工、貫通槽加工，也可用槽刀施作。與開槽刀的不同之處，在於槽刀也可用於橫切，適合製作格紋的接口、橫向的L型溝槽等。刀片厚度的種類也很多，也有組合式的款式。

請依據自己的作業內容，準備所需厚度的槽刀。

■倒角刀（內彎凹弧）

有各種倒角面的形狀。用途和雕刻機的倒角銑刀一樣，但適合更大型的加工。外側若重疊圓弧狀的刀片，可以一次加工複數的面。

削切門的下半部板材、鑲板等的倒角部分時，加工的效率更勝雕刻機。此外，相較於雕刻機的銑刀，需要重新研磨的間隔時間會拉長，也就是使用壽命更長。

重新研磨需要委託專業廠商。

槽刀
是加工門的下半部板材、鑲板等的L型溝槽時相當方便的鋸片。也可用來加工橫向的L型溝槽。

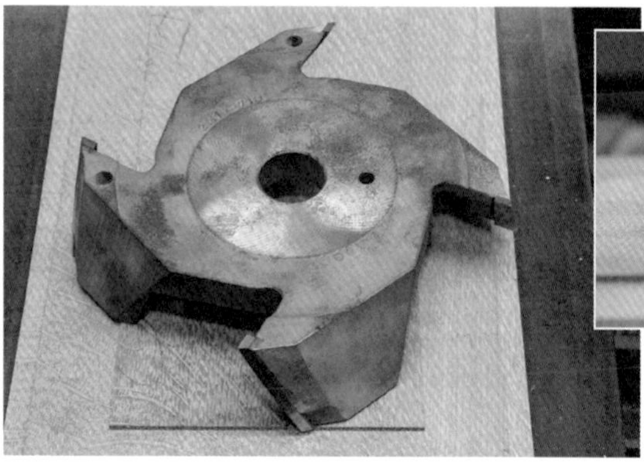

倒角刀（內彎凹弧倒角刀）
加工門的下半部板材、鑲板等的L型溝槽時相當方便的鋸片。

使用前的檢查

因為平台圓鋸機在鋸切時是將材料往鋸片方向推送，所以是容易發生意外的木工機械。

在使用之前，有幾項務必進行的檢查。

這些項目雖然與其他木工機械相通，但為了安全，請容我再次說明。檢查事項如下：

- 周邊環境保持整齊乾淨
- 確定鋸片轉動方向的前方沒有人
- 衣服是否有容易被捲入的部分
- 剎車是否正常
- 是否裝上了適當的鋸片
- 鋸片是否確實固定了
- 安裝的嵌入板槽寬是否符合鋸片的厚度
- 圓鋸片是否太過突出
- 手邊是否有推桿
- 是否安裝了安全護罩、劈刀

周邊環境保持整齊乾淨，是指在打開開關之前務必確認，推送材料時，腳邊是不是有可能會讓人絆倒的物品、桌上是否有其他不必要的東西。

圓鋸機是容易發生反彈的機械。如果材料發生反彈，彈跳的方向（前方）是不是有人？有沒有堆放著不能弄壞的物品？這些周邊安全事項也請事先確認。

此外，也請注意服裝。避免穿著袖口容易被捲進機器的服裝、也不使用手套。

平台圓鋸機會依據鋸切的目的更換鋸片，確認是否有依照加工的材種裝上適合的鋸片，同時也一併檢查，固定螺帽是否已經確實擰緊。用手轉動鋸片，確認是否轉動順暢、軸心是否保持在中央等。

嵌入板也應配合鋸片的種類，將槽溝大小更換成適合鋸片厚度。如果嵌入板的槽溝較寬，鋸切完的材料有可能卡在鋸片與嵌入板的縫隙間，相當危險。

也請檢查嵌入板的表面是否與桌面相同高度，避免使用不平整的嵌入板，請調整過後才開始加工。

鋸片太過突出也很危險，所以鋸片突出的高度，調整到高出要鋸切的材料表面約1至2公分處。也請確定推桿放在隨手可得之處，免得在開始加工後，還要尋找。

最後是檢查安全護罩。雖然在專業的工坊中，經常可見拆掉安全護罩使用的例子。但稍有不慎，就可能釀成無法挽回的傷害的正是圓鋸機。

本書中，有時會因為拍攝所需將安全護罩拆掉，為了保護自身安全，還是建議裝設安全護罩。市面上也有販售加裝用的安全護罩，請務必裝上。

以上是基本的檢查項目。其他如：依使用目的，不使用的鋸片是否已經拆下；使用右側的延伸工作台時，高度是否已降到低於鋸台；也請留意加工長型材料時，另一側承接材料的架子（支撐架）是否在合適的位置、方向與高度等。

夾在縱切導板與鋸片之間的材料，可能會在切斷的那一瞬間，往自己這邊彈過來。

如果鋸台與嵌入板的表面高度不同，不只切割時無法精確，也很危險。

各部位檢查調整

平台圓鋸機能方便地進行各種加工，平日的檢查、調整等甚為重要，才能在加工時安全且精確。

接下來，將逐一介紹各部位的調整重點。

◆鋸片與橫切用溝槽是否平行

平台圓鋸機裡最講究基準的部分，是鋸片平行縱切導板。在其前方的鋸台上，如果設有縱向的橫切（角度規）用的溝槽（方形槽溝、榫尾形槽溝），就要將這道溝槽與鋸片調整到平行。這道溝槽是直接在鋸台上挖鑿，可以左右晃動鋸台，將溝槽調整到和鋸片平行。這種情況下，即使縱切導板先調整好了，也會因為導板會隨鋸台改變位置而需要重新調整。

一般來說，只要在購買時確實檢查，不太會歪掉。原則上是藉由固定鋸台的螺栓與螺栓孔的空隙來調整。

要檢查橫切用的溝槽與鋸片是否平行，需要準備與鋸台相同長度且筆直的角材做為導板。

在平台圓鋸機的開關未開啟的狀態下，裝上直徑盡可能大的圓鋸片，並將其升到最高處，把導板、角材緊靠住著鋸片的側面。

在導板靠著鋸片側面的狀態下，測量鋸台溝槽與導板之間與鋸台前、後兩側的距離，這兩個數字若是相同就是平行。數字若是相異，鬆開鎖在鋸台內側的螺栓，左右晃動鋸台調整直到兩側的數字相同，再擰緊螺栓。

如果要更正確地調整，因為圓鋸片容許誤差範圍內的偏移，可將鋸片轉一百八十度，再測量鋸台溝槽與導板之間的距離，取這次量得的數字與一開始量到的數字的中間值，將間距調整到這個中間值，就會

將鋸片調整到略凸出於要鋸切的材料的表面。

只要鬆開固定鋸台的螺栓，就能調整鋸台。

鋸台上的溝槽與鋸片若為平行，一開始接觸到鋸片的切面，即鋸片的後側也同樣會是輕拂切口的程度。

將直徑較大的鋸片升到最高的位置，把當做導板的角材抵著鋸片的側面。

量測當做導板的角材與鋸台溝槽間的距離，兩側的寬度若相同，鋸片與溝槽就為平行。

更加正確。

確實擰緊固定鋸台的螺栓，然後試著使用角度規橫切寬度較寬的板材。此時，就算角度規沒調整好，也不會有問題；但如果角度規的溝槽有空隙，就要先消除空隙（詳見第35頁）。

溝槽若是平行，鋸切過後的合板在推進到鋸片後側時，會是和鋸片輕拂的程度。

倘若溝槽不平行，在鋸片前側已鋸切過的合板，可能會碰不到後方的鋸片，或是切口又稍微被削切的狀態。

這種情況，就表示鋸片與橫切用的溝槽非平行，請再重新調整。

◆鋸片與縱切導板是否平行

在調整完角度規的溝槽後，就不需要再動到鋸台，接下來便可調整鋸片與縱切導板的平行。

調整方式與調整角度規的溝槽相同，將圓鋸片升到最高，把當做導板的筆直角材抵著鋸片的側面，測量角材與縱切導板間前、後兩側的距離。

至於縱切導板歪斜時的調整方式，每台機械都不盡相同。有些導板本身設有調整螺栓，或也有提供縱切導板滑動的滑軌、齒條上的螺栓等。

有時會在縱切導板上加裝靠木，功用是提高其直線精確度、避免鋸片直接接觸導板等。靠木所用的木材，當然要是不彎曲的筆直木材，調整方式與前述相同。

調整好了以後，裝上直徑盡量大（300mm等）的圓鋸片，將鋸片升到最高，在邊緣為直線、平坦的寬合板（寬度200mm，安全的長度為600mm左右）上鋸出切口。被鋸切的合板，切口在碰到鋸片的後側時，左、右兩邊的鋸痕如果都差不多，就表示導板是平行的。

縱切導尺的調整方式依機種有所不同，所以請在確實了解結構後，才鬆開可調整的螺栓來調整。

將鋸片升到最高，將做為導板的角材插入鋸片與縱切導尺之間，檢查空隙。

因為長型導板會偏移，在靠木內側下工夫用夾具固定。

不直接使用金屬製的縱切導板，加裝靠木就可以不用擔心鋸片受損。

在合板上鋸出切口，停在合板碰到鋸片後側的位置，檢查左、右切口的鋸痕。

如果左、右兩邊的鋸痕不同，就要重新調整縱切導板，直到左、右出現同樣寬度的鋸痕。

◆鋸片是否垂直

平台圓鋸機基本上是被調整成鋸片可垂直裝上的狀態，鋸片與鋸台若不是直角，就要調整鋸台的角度。

檢查鋸片與鋸台是否垂直，簡單的方法是使用角尺來檢查。但請注意，鋸片在容許範圍內會有些微的偏移。因此在轉動鋸片時，角尺與鋸片間的空隙會有微幅的變動。

這部分雖然不會在加工上造成問題，但更確實的檢查方法，是實際鋸切材料確認結果，會更萬無一失。在檢查角度規與鋸片是否垂直時，也是採用同樣的方法。

要檢查是否確實為垂直，使用四面經過削切的角材，鋸切成兩塊後把其中一塊翻轉一百八十度（內側變成外側），再把兩個裁切面相對放在鋸台上，若是裁切面相對處的上方或下方出現縫隙，就表示並非垂直。

若要調整，可使用豎起的九十度固定用螺栓，位置在鋸台的傾斜固定手輪附近（詳見第34頁的照片），以這個螺栓的高度來調整。

將鋸片升到最高，以角尺靠在鋸片的側面，檢查鋸片與鋸台是否為垂直。轉動鋸片時，可能會有微幅變動。

不同機械可能在位置、方法上有所差異，調整時請遵照個別機械的調整方法。

◆角度規是否垂直

接下來對於鋸片，檢查角度規是否為垂直。這是每次改變角度規的角度時都要實施的檢查。

裁切平行且寬的板材後，把其中一塊反轉過來，使兩邊的裁切面相對，試著將端面靠著平台圓鋸機的縱切導板，檢查裁切面的端面是否有空隙。

如果有空隙，就要反覆調整與檢查，將固定角度的螺絲重新擰緊，調整完後再次檢查。

只不過，在橫切用的溝槽上，角度規藉導軌板滑動，在與鋸片垂直狀態裁切材料，為了讓導軌板在橫切用的溝槽內易於滑動，會留些許的空隙。若未考量這部分的空隙，就算反覆進行調整作業，也無法調整成功。

有許多機種的橫切用溝槽採用鳩尾形。鳩尾槽如35頁所示，稍微加工導軌板，就可以減少空隙。

使用角度規來檢查，切斷方棒（立方體）的鋸片與鋸台是否垂直。

相對的切面間出現了些微的空隙，實際上的鋸片傾斜程度約為空隙的一半。

切斷後，將其中一半轉180度，讓切面相對。

◆延伸工作台與鋸片是否垂直

理論上，調整方法與圓鋸部分相同，只不過由於機械的構造，在延伸工作台上沒有圓鋸片，為了調整，需要準備一塊每邊精確削切成直角約**6cm**的角材，且為了安全地作業，角材長度需約為**45cm**。

將角材略微靠著鋸片的側面，再將角材往前推進。在角材側面形成的鋸痕，如果深度相同，就表示延伸工作台和鋸片垂直；如果鋸痕迥異，需要鬆開延伸工作台的傾斜手柄做調整。

有些平台圓鋸機的機種無法傾斜，此時要插入鋸片（詳見第71頁），將其調整到與鋸片垂直。調整手壓鉋時也是使用相同的鋸片。

再來是延伸工作台，使

將鋸台傾斜，固定在90度用的螺栓會豎立著。以此調整高度。

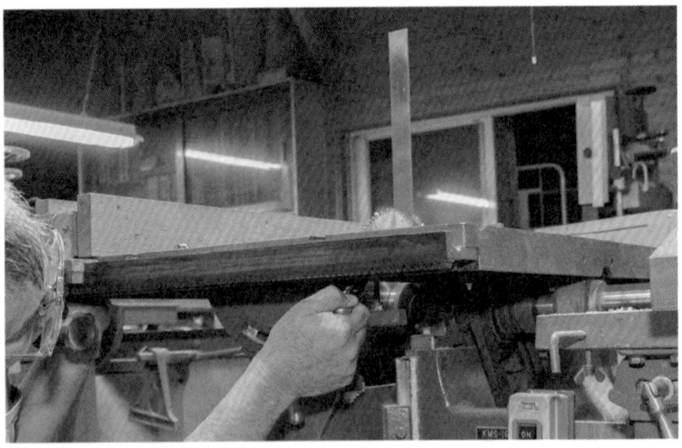
暫時旋鬆螺栓，調整時看著角尺與鋸片。

切斷後，把其中一半翻面，使切面相對來檢查空隙。

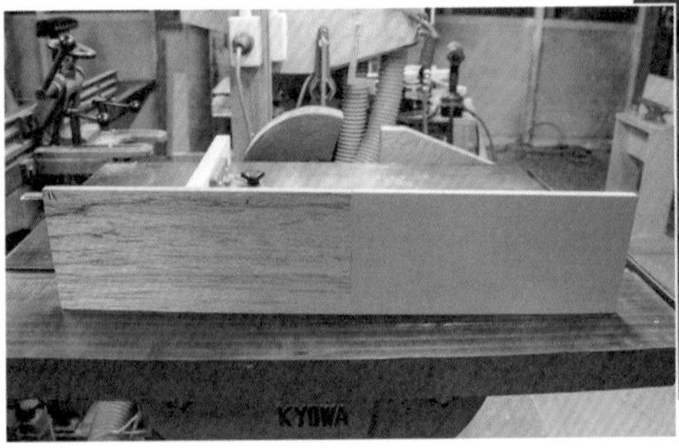

使用角度規，裁切較寬的合板等。

加工角度規的導軌板

導軌板藉由在鋸台上的橫切用溝槽滑動，角度規可維持相同的角度裁切材料。一般來說，溝槽為鳩尾形，導軌板因而不會往上鬆脫。導軌板與橫切用溝槽間空隙較大時，為了能利用這種結構讓裁切更準確，下面會介紹消除空隙的方法。但請注意，若該機種的溝槽不是鳩尾形，就無法使用這個方法。

首先，以螺絲攻在導軌板前端附近鑽出螺紋，鎖上螺距相同的螺帽與螺絲。以凸出於導軌板的內（底）側的螺絲，將鳩尾槽的側面與導軌板的側面調整到等高。空隙較大的話，導軌板會比鋸台的表面更凸出。這種情況，可在導軌板穿過的部分，墊上以木工修邊機等銑出溝槽的墊片，再將材料置於其上裁切。

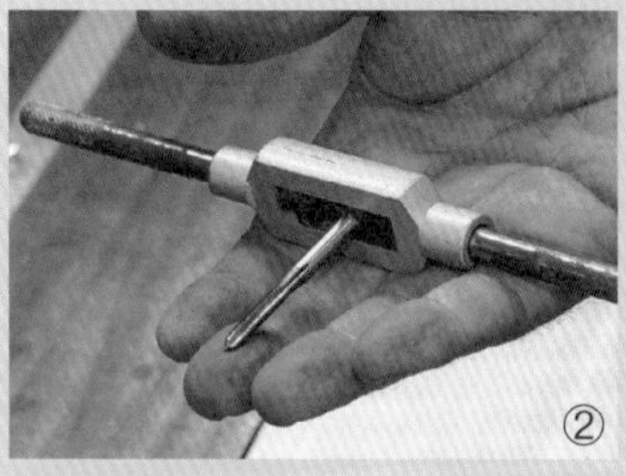

①在橫切用溝槽內滑動的導軌板，為能無礙地滑動，會有些許的空隙。
②使用螺絲攻，在導軌板前端附近鑽出螺紋。
③鎖上螺絲、螺帽，其螺紋要與先前鑽出螺紋的孔相同。
④當導軌板與鳩尾溝兩者的側面高度完全一致時，擰緊螺帽固定螺絲。

為讓鋸台的鳩尾槽與導軌板的側面沒有空隙，以螺絲與螺帽調整，如此一來，導軌板可能高於鋸台的表面。此時，要墊上墊片，且以木工修邊機等在墊片上銑出溝槽，其深度等同導軌板凸出的高度，要裁切的材料則置於墊片上（墊片鋪到螺絲之前）。

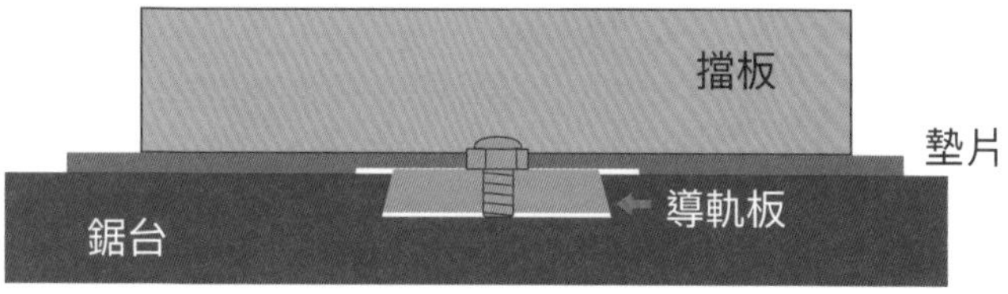

用角尺調整垂直導板。垂直導板同於縱切導板，裝上靠板使用。如果垂直導板上沒有調整用的螺絲、螺栓等，可在導板與靠板間插入墊片來調整，或是削切裝在導板上的靠板來調整。

加裝的板以不會歪扭者為佳，選用堅硬的闊葉樹直紋木材，或自行以厚合板製作靠板並裝上。

因為垂直導板同時也是平行導板，也需調整。

插入合板的方法，和有圓鋸的那側一樣，削切榫頭的這一側因為會碰到軸、鋸片的固定部分，需要在碰到之前做出判斷和調整。

鬆開鋸台下的螺栓，左右晃動來調整，直到插入合板、當鋸片進到合板上的切口內時，刀體與切口兩側的間隙會相同。

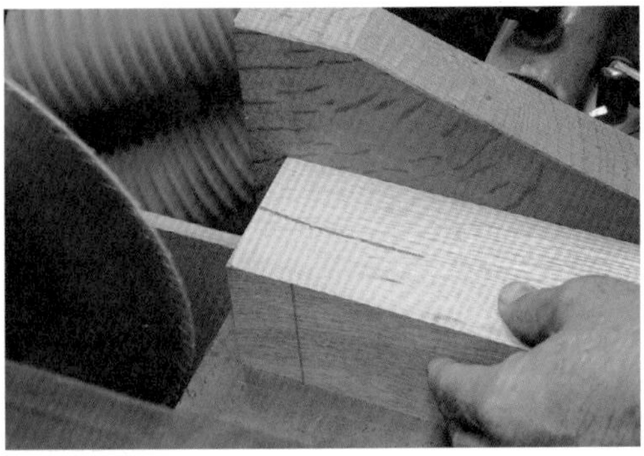

需將垂直導板調整到準備的角材的側面可輕靠在鋸片的側面，將角材往前插入。

裝在垂直導板上的木板是較硬的闊葉樹材，直紋較佳。使用的木材為櫟木。

以紅色鉛筆畫上的記號仍剩下一半。由此可知鋸台與鋸片非垂直。

用於榫頭加工時的延伸工作台，因為鋸片不在鋸台之上，有不同的調整方式。

使用延伸工作台的傾斜手柄，將鋸台調整到垂直於鋸片。

若是沒有傾斜手柄的機種，將鋸片夾入手指指的地方來調整。

在垂直導板處加裝靠板來使用。在靠板與導板間插入墊片可調整垂直角度。

◆更換鋸片

什麼時候需要更換鋸片？基本上是等到鋸片鈍了。但因為圓鋸片從外觀不易判斷，所以大致上等到鋸齒上沾黏了許多的樹脂之類，或是木屑開始沾黏的時候，就應該更換。

又或是，進行一些需要鋸片足夠鋒利的作業時，可斟酌更換。

就算圓鋸片變得不好鋸切，也難以分辨是否已經磨損，畢竟觸摸鋸齒就會知道並不是不夠鋒利了，不過累積一定的經驗後大概能知道何時差不多該更換。

旋鬆螺帽的方向，和鋸片轉動的方向相同。這是因為當機器正在運轉，會不斷在轉動的方向上施加擰緊的力，轉動中螺帽不會鬆脫，也不會擰過頭。

此外，在圓鋸片與削切榫頭這兩側，螺帽的螺紋是相反的。

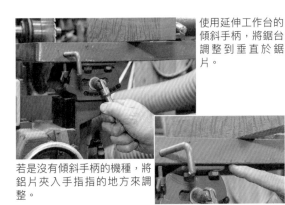

鋸切到鋸軸之前，再關掉開關，檢查切口與鋸片刀體間的空隙。左、右都相同表示鋸片與垂直導板為平行，照片中的右側空隙較大。

檢查垂直導板與鋸片是否為平行。將合板鋸切到鋸軸之前。

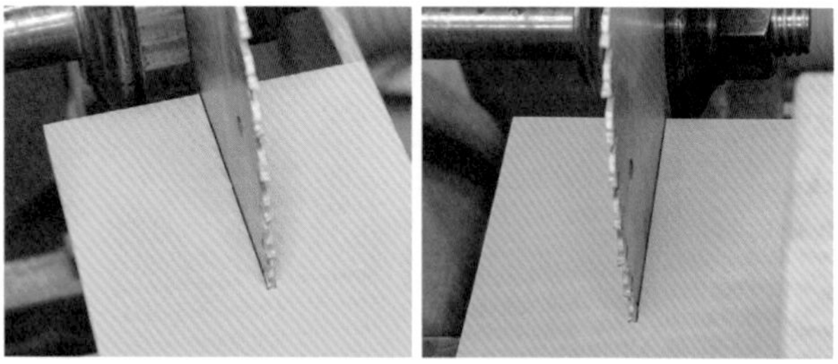

上方的照片中，左、右兩側的空隙不等寬，鬆開固定鋸台的螺栓，一邊觀察空隙一邊左右晃動鋸台。移動螺栓與螺栓孔間的空隙來調整，稍有誤差就會影響成品的精確度。

鬆開鋸台下的螺栓，左右晃動鋸台，將垂直導板調整到與鋸片平行。

鋸片一般以螺帽鎖上，如果板手滑掉手可能會碰到鋸齒，所以在拆卸或安裝鋸片時，請務必戴上防護手套。

在作業前，請務必把插頭拔掉或關掉斷路器，以免機械開關被打開。

使用板手等工具，一定要使用規格相符的，以免螺帽頭崩牙，演變成無法拆卸的狀況。

機械附有專用的板手，為了能擰緊或旋鬆六角螺帽，板手的其中一頭需要是梅花開口狀。

按下鎖軸，順著轉動方向用木槌輕敲板手的前端（套住螺帽的另一頭），就可鬆開螺帽。要擰緊時，則是以反方向。

沒有鎖軸的機種，則是戴上手套從側面捏住鋸片的兩側，以木槌敲板手前端來鬆動。鬆動後，將板手轉半圈即可旋鬆。

不使用梅花開口狀的專用板手，而是用前端開放狀的板手，會因為無法旋鬆導致可能會滑掉或掉落，撞到鋸片而損壞，請務必使用專用板手。

鎖上螺帽時，不需要過度用力。只要擰緊到一定的程度，因為螺帽隨時都在往旋緊的方向轉動，所以不會在轉動中鬆開。

只不過在踩下煞車時，未完全擰緊的螺帽可能會鬆開，請避免突然大力踩煞車。

更換完鋸片後，如果是有鎖軸的機種，請不要忘記解除。檢查鋸片是否可以順利轉動、不會搖晃，以及固定鋸片的螺帽是否已經鎖上。

機器開始運轉時，檢查運轉的聲音是否與更換前相同、沒有出現異常的聲音。

更換平台圓鋸機的鋸片

平台圓鋸機的鋸片是以左旋螺絲裝上。當鋸片轉動時，會不斷對旋緊的方向施力，要鬆開螺絲時，以木槌敲板手來鬆開。萬一板手與木槌滑落，可能會使人受傷，請將板手壓到最底，謹慎地以木槌輕敲來鬆開螺帽。

1

關閉開關，將鋸片降到最低。

2

鬆開螺絲，打開圓鋸片護罩。

3

使用專用板手，為避免在螺帽頭空轉，將板手壓到最深處。

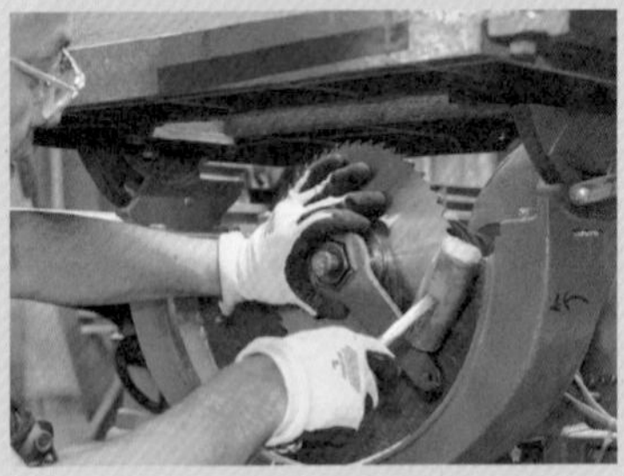

4

沿著鋸片的轉動方向，以木槌敲板手的尾端來鬆開螺帽。

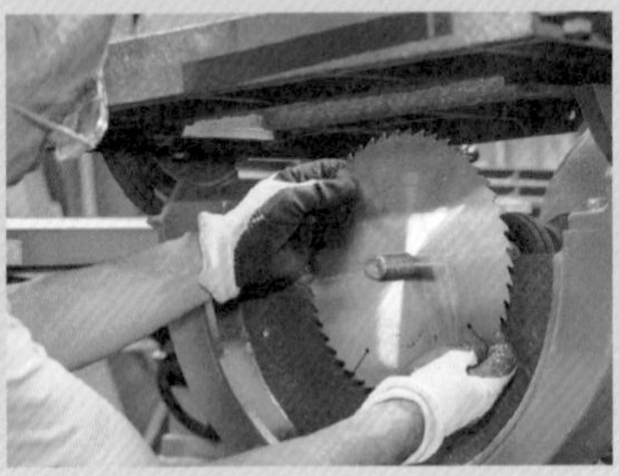

5

在取下鋸片時，小心不要割到手和手指。

6

裝上新的鋸片。此時還不要拆除鋸片的封套。

7

將板手套住螺帽，朝轉動方向的反向擰緊。如果是沒有鎖軸的機種，戴上工作手套，從鋸片的側面，緊壓住兩側。

8

拆除鋸片的封套。

9

關上圓鋸片護罩，確實旋緊螺絲。

10

打開開關，檢查運轉是否有異常的聲音。如果聲音異常就立即關掉電源，檢查原因。

◆調整嵌入板

若是廢木料不小心卡進開口較寬的嵌入板的溝槽與鋸片之間，就會非常危險。依鋸片數量製作相同數量的嵌入板較為理想。

即便靠著導板，材料如果比嵌入板的開口更短窄，就很有可能被捲進去。

以不容易彎曲、反翹的合板製作嵌入板，因為不容易變形，比較理想。

雖然也可以用直紋的筆直木材，但直紋木材不夠穩定，容易反翹，應避免。

在機械上安裝嵌入板時，為避免不穩，可以在嵌入板下方的四個角落插入小螺絲釘，如此一來就能微調，相當方便。

除此之外，使用厚鋸片時，將內側做成設有遮板的箱型，就可減少震動並提高集塵效果。

平台圓鋸機因為無法完全遮蓋鋸片，如果是會產生大片木屑的加工作業，木屑容易四處飛散，請設法防止木屑飛散，並強化集塵效果。

◆反彈的安全守則

反彈最容易在平台圓鋸機發生，特別是在買下機械到熟悉操作為止，這段期間因為經驗尚淺，還無法想像應該如何推送加工材料，也不知道在什麼操作下可能會發生反彈。

劇烈的反彈會在一瞬間發生。速度之快，有如棒球的自動投球機的球速。

我曾有過一次經驗，是使用圓鋸切割反應材板時發生的事，後方的玻璃窗在轉眼之間就被打破。不敢想像如果後面有人……甚至打到肚子的話……

在實際作業之前，將鋸片降到鋸台下方，先試著演練左、右手如何動作。以及當加工材料推向鋸刀時，羽毛板該裝在哪裡。

也請事先決定推桿的恰當位置。一旦覺得加工有危險，就請當場停止動作，思考其他的加工方式。

機械就在眼前，忍不住想要馬上開始作業……這種想法往往會提高受傷的機率。

嵌入板的開口太大，材料可能會被捲入鋸片與嵌入板的縫隙之間，非常危險（為了舉例，在未開機的狀態下拍攝）。

此為避開嵌入板置於鋸台處裝上遮板的例子。使用較厚的鋸片加工時，可減輕震動。

使用合板的箱型嵌入板。集塵效果佳，應能防止木屑飛散。

製作符合鋸片厚度的嵌入板

鐵則是使用符合鋸片厚度的嵌入板。即使麻煩，也請製作符合鋸片厚度的嵌入板，要依鋸片的數量準備嵌入板。材料如果是原木板，請使用已經完全乾燥、未變形的直紋木材；合板的話則使用較厚的，並設法加上遮板等。

1

使用乾燥完全且未變形的直紋木材，將其裁切成與嵌入板的開口處同樣的大小，背面的邊緣以修邊機倒角後，嵌入會較容易。

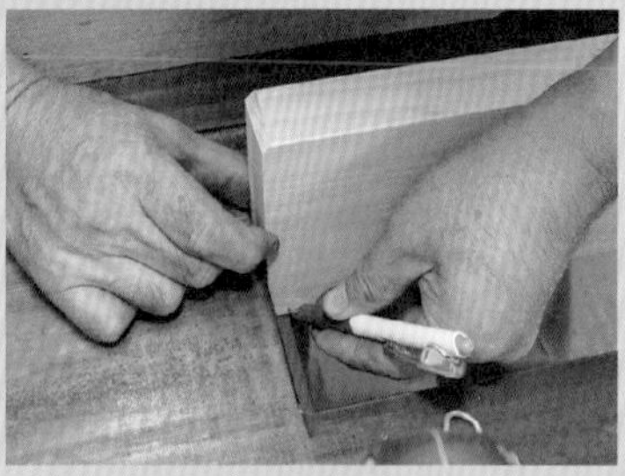

2

將嵌入板放進開口處，在嵌入板被架著的地方畫記。

3

從記號處開始，畫上一整條直線。

4

將約10mm的盤頭木螺絲，鎖在畫線處外側的四個角落。

5

將鎖上螺絲的面朝下，嵌入鋸台。

6

放上導尺，檢查嵌入板的整個面是不是都與鋸台等高。

7

拿掉嵌入板，測量開口的側面到鋸片的距離。

8

裝上嵌入板，上一步驟所量到的鋸片凸出位置，再稍微往前一點處固定縱切導板。

9

打開開關，緩緩將鋸片往上升。

10

鋸片凸出於嵌入板。因為縱切導板壓著嵌入板，所以加工時嵌入板不會不穩固。

在實際作業時，還會發生無法先行演練來掌握的情況，如切削阻抗、反彈等。

平台圓鋸機的圓鋸會用來加工各式各樣大小、形狀的木材。即便是從事木工許久的我，為了加工時的安全，也會先在腦中想像手該怎麼動，並實際演練。

此外，先拿廢木料等來測試加工是否可行也相當重要。在測試時，也請檢查可否依預定的加工尺寸來裁切。如果是較大的木材缺口，有時也會分兩次來削切。

有關安全守則，重要的是針對各項作業假設可能會發生的情況。舉例來說，裝上較寬的槽刀，鋸切角度較大的溝槽（倒角）時，削切完那一瞬間，可能會因材料不平衡而傾斜碰撞到刀片造成反彈。

為了防止這種情況發生，可讓墊木承接木材缺口的部分，事先在鋸片的另一側，以雙面膠、小螺絲釘等裝上墊木。

使用角度規橫切木料時，裝在角度規上的橫向長形擋板要比鋸片更高。如此一來，切除的廢木料就會因擋板被推送到鋸片的另一端。

在降下鋸片的狀態，試著依實際狀況推送加工材料。

請務必使用劈刀、羽毛板等，以防止反彈。

削切較深的L型溝槽時，削切後會突然不平衡，容易造成反彈。

以雙面膠、小螺絲釘等，將與L型溝槽高度、寬度相同的墊木固定在縱切導板上。

作業篇

打開開關後，最先要檢查是否有異常的聲音。如果出現異常聲音，請立刻關閉開關檢查原因。

如果運轉時的聲音正常，就可以把要加工的材料朝向鋸片，緩緩往前推送。

特別是當材料開始接觸鋸片，邊推送邊檢查操作是否順暢、震動有沒有愈變愈大、是不是難以推送等，都沒問題的話就可以提高加工的速度。

◆縱切作業

面向平台圓鋸機也就是圓鋸在左側執行鋸切時，一定要靠著縱切導板推送材料，一直推送到鋸片的另一側。

使用鋸片鋸切時，鋸片盡量不要抬升到非必要的高度。

要將材料裁切成最終所需的尺寸時，應該加上裁切誤差，先拿廢木料試切來確定尺寸就不會出錯。

決定材料寬度時，推桿不可壓在要切除的那一側，要壓在縱切導板與圓鋸之間用來定寬度的材料上，用推桿將其推送至圓鋸另一邊。

推桿如果壓在外側要切除的木材上，定寬度用的材料會被留在導板與圓鋸之間，裁切完那一刻可能會有發生激烈反彈的危險。

鋸切細瘦的材料時，要讓推桿進入導板與圓鋸間，是相當困難也很危險的事。使用形狀有一定寬度與厚度且可蓋過圓鋸的推板為佳。除此之外，如能事先製作可因應各種狀況使用的推桿、推板，在往後作業時就能夠確保安全無虞。

裁切大片板材時，有時可能無法使用推桿推送。應該改成以帶鋸機鋸切，勉強進行可能導致意外發生。

裝在角度規上的擋板，高度要高於鋸片，如此一來，切掉的廢木料就不會留在鋸片的側面，會被推送出去。

在縱切作業時，沿著縱切導板緩緩推送材料。只將鋸片升到所需的高度。

裁切短、窄的材料時，請使用推桿，推桿按壓位置務必在縱切導板與鋸片之間。

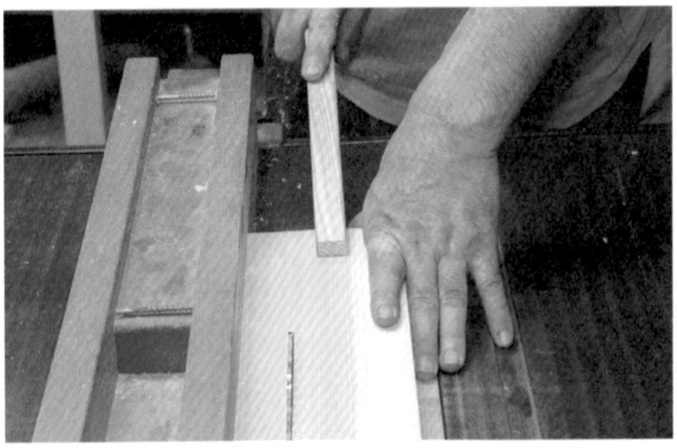

推桿如果按壓在要切除的那一邊，當裁切完那一瞬間，留在縱切導板與鋸片之間的材料可能會有反彈的危險。

◆橫切作業

橫切時，將加工材料靠著角度規，注意不把手放在鋸片軌道附近，確實握緊材料與角度規再推送。將材料拉回來時，也不離開角度規，將兩者一併拉回。

在作業之前，先把角度規放在角度規的溝槽內檢查滑動的狀態，如果滑動不順，請清除碎屑等物，噴上潤滑劑。

如果是短小的材料，放棄用平台圓鋸機加工，思考其他可能的加工方式。機械雖然便利，加工時卻需要考慮可能會因此受傷的危險性。

有些加工作業可以先做出長形材料，加工完成後，再依預定尺寸橫切會更安全。

此外，縱切導板連同角度規一起使用時，會特別容易發生反彈。可靠著縱切導板裝設輔助導板，長度至鋸片為止，以輔助確認導板與鋸片之間的寬度。

作業時，就算鋸片旁邊掉落了一些切除的木料，只要圓鋸還在轉動就不要直接用手去撿，倘若已經造成妨礙，請關閉開關後再清除。

橫切時會出現的疑問，是角度規要放右側還是左側。

答案是依作業需求來決定要裝在哪一側。普通的作業，會將角度規裝在相對鋸片的左側，人如果站在角度規的左

將角度規與加工材料如握住般按壓，手不要靠近鋸片軌道附近。

噴上潤滑劑，以利角度規的導軌板可在橫切用的溝槽上滑動無礙。

同時使用縱切導板時，將輔助的導板以夾具固定於鋸片前，以此確定輔助導板的面與鋸片間的寬度。

將角度規推出去後，材料會離開補助導板，減少反彈的危險。

依作業內容使用左側或右側的角度規，每次都要站在設置有角度規的那一側。

側，大部分的加工作業，手都不會跑到圓鋸的軸線上，就算反彈也很難打到身上。就算是角度規裝在鋸片的右側，同樣要站在角度規的右側，以避免反彈的危險。

雖然依據慣用手、與作業內容等並不限於此，但無論如何，請注意不要將手靠近鋸片。事先想好若發生反彈時站在什麼位置才安全，並在打開開關前充分演練，可以避免意外事故的發生。

◆L型槽溝、溝槽的加工

在削切L型溝槽或溝槽時，要使用符合開槽寬度的槽刀，倘若是已定好深度的加工，先以廢木料試切，微調鋸片突出的高度。

加工L型槽溝時，以縱切導板為基準，裝上木製靠板，調整開槽的寬度。

削切止槽時，拿廢木料等來掌握槽刀鋸齒開始與結束的位置，配合止槽的墨線來決定位置，在縱切導板處裝上止擋。

加工時，邊將材料壓向止擋邊謹慎地往下，將材料抵著後方的夾具，邊謹慎地往下壓。等鋸切到碰到另一側的夾具時，就將材料稍微往回拉，用力壓著材料的後端且緩緩將前端往上提。

無論是加工L型溝槽或溝槽時都會看不見槽刀，請注意不要讓手靠近鋸刀，以免危險。

削切L型溝槽時，先以廢木料試切，測量要削除部分的寬度與高度。

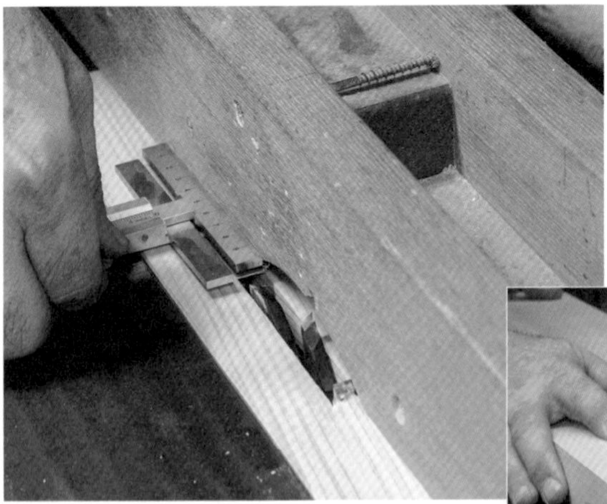

調整縱切導板與鋸片之間的寬度（L型溝槽的槽寬）、鋸片凸出的高度（L型溝槽的高度）。

裝在鐵製縱切導板上的靠木，可保護開槽用的槽刀，避免鋸齒碰撞導板。

如何削切出止槽

加工止槽時，自始自終都看不見鋸片。以下將介紹如何充分利用記號，安全且準確地加工。

1

將加工材料靠著縱切導板，在鋸台上貼要畫記號的紙膠帶。

2

將槽刀的鋸齒升高到與止槽的高度相同，以廢木料抵著槽刀，確定鋸齒接觸木料的起點與終點。

3

在紙膠帶上畫上起點和終點的記號。

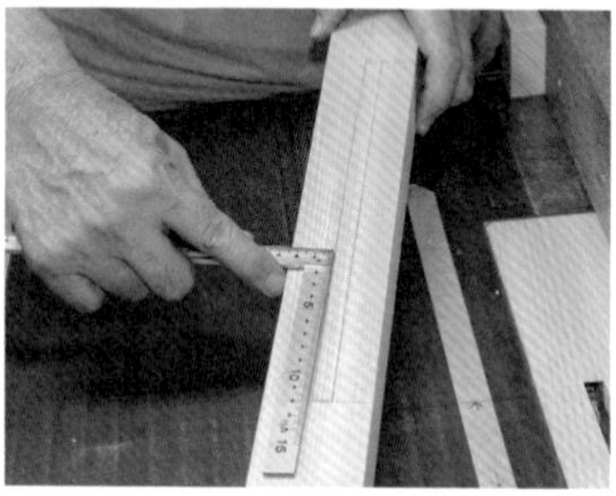

4

止槽的頭尾兩端墨線，將線段延伸到木材邊緣，測量從墨線到要靠在縱切導板那一面的長度。

5

使鋸片鋸齒與縱切導板的距離與步驟4測得的長度一致，將加工材料的鋸切起始位置，對準紙膠帶上的記號。

6

小心不讓加工材料移動，在木材前端的橫斷面處裝上夾具。

7

打開開關，以加工材料的前端抵著夾具，謹慎地緩緩往下壓。

8

推送加工材料時，請注意鋸齒是否露出來了，小心手不要靠近鋸刀。

9

若加工材料已經推送到終點的位置，就稍微往回拉，緩緩從尾端往上提起。

10

依照墨線完成止槽加工。

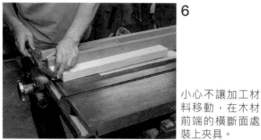

◆斜切與傾斜鋸切加工

斜切是將角度規轉四十五度，與橫切時相同，將加工材料貼著角度規，用手握緊材料與角度規來推送。

不可完全相信角度規的角度刻度，務必先試切，檢查角度後再進行實際的加工作業。

傾斜鋸切是將鋸台傾斜後鋸切材料。縱切導板在的那一側會變得較低，切除的材料會從較高的位置往低處滑落，可能會滑到鋸片上造成反彈的危險。進行這類作業時，務必使用羽毛板、劈刀等來防止反彈。

◆榫頭加工

面向平台圓鋸機的右側為延伸工作台，先以推台鋸削切出材料的榫肩後，再縱切，以便削切出榫頭。為此，縱切用的垂直導板需與鋸片平行，與此同時，鋸台的高度也必須對齊鋸軸中心及榫頭的中心。

延伸工作台的鋸台與圓鋸前端的距離非常接近，特別是短的加工材料容易不平衡，在加工時需謹慎。

一般來說，削切榫頭的厚度時是以垂直導板為基準，將材料靠著導板。製作止單添榫的短榫時，榫頭則要平行水平的鋸台鋸切。材料如果是角材，則哪一邊都可以。

製作榫頭（縱切）的作業，鋸刀鋸切材料後一定要往回抽出。

鋸片高度的設定，請在打開機械開關前完成。

除此之外，較厚、直徑較大的圓鋸片，可用約一張紙的厚度來微調榫頭的厚度。

將角度規轉45度，以與橫切相同的規則裁切。要先試切，所以拿廢木料來試。

將切除部分的木料轉180度，讓兩者的切口相對。用角尺抵住，檢查是否為直角。

傾斜鋸台作業時，切除的材料會滑落，如果滑到鋸片上會有危險，所以作業時務必要裝上劈刀。

止單添榫的製作方法

以平台圓鋸機削切榫頭，可以製作出相當精準的榫頭。榫肩部分是使用推台鋸削切，也可以利用角度規在平台圓鋸機上加工。

1

使用劃線器和劃線刀，畫上榫頭的墨線。

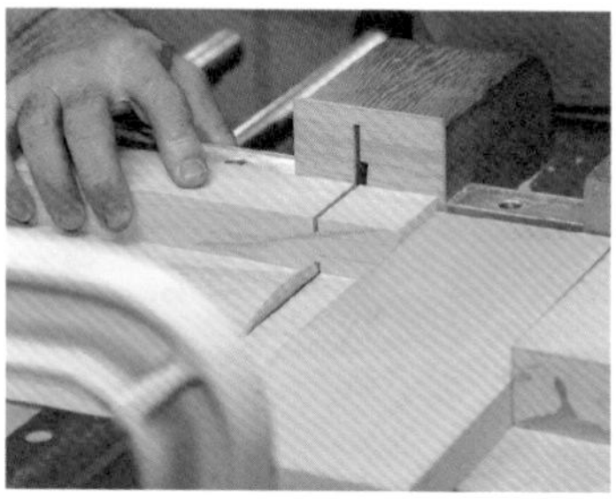

2

使用推台鋸或平台圓鋸機的角度規，在榫肩部分鋸出切口。

3

調整鋸台的高度，使鋸軸與榫頭中心等高。

4

依要切除的榫肩寬度固定垂直導板，削切時材料靠著導尺緩緩朝鋸片推進。事先以廢木料來確定削切的寬度較佳。

5

當鋸片的頂點達到榫肩的底部時，將材料往回抽出。這種削切方式，兩端會削切得不夠乾淨。

6

以鑿刀將切得不夠乾淨處刮除乾淨。

7

已經削切出乾淨俐落的榫頭。

8

照片中的範例，是只將兩側削切乾淨來作榫。榫肩的中間會留有鋸痕，與榫孔接合的話就會被遮住，所以沒什麼問題。

9

在短榫的高度方向橫切，留下短榫，切除不要的部分。調整鋸台的高度，使其對齊鋸軸的中心。

10

完成的止單添榫。通常這類加工會在複數的構件上施作，直到在全部構件上都完成同樣的加工為止，不要移動導板、鋸台。

推台鋸

平台圓鋸機是以縱切為主的加工，相對於此，推台鋸是以橫切方式將材料裁切成正確的長度的機械。在木工作業中，橫切需要精準，用途廣泛的推台鋸是最適合的機械。

推台鋸可以做什麼

可以穩定進行裁切作業

將放著材料的鋸台，往鋸片方向平行推送，即可裁切材料。鋸台前方設有橫切導板，是用來做為基準，將材料靠著導板連同鋸台一同推送，所以就算是沉重的材料、大型材料都可穩定地裁切。而且還不會歪斜，切面非常平滑俐落。

從鋸台邊以及中央都能看見鋸片通過的位置，可以掌握哪裡會有危險再進行作業。

這台機械有以下的基本用途：依所需長度裁切材料；將鋸片的高度降到比材料更低，來製作榫肩；傾斜鋸片的傾斜鋸切；也可以裝上角度規，進行斜切、各種角度的鋸切。

導板上設有定寬擋板固定旋鈕，可以很有效率將材料切成相同長度。

就連要切齊拼接板的橫斷面，只要材料大小能放上鋸台就沒問題。

製作治具的話也可以削切榫頭，只不過可鋸切的深度比不上用平台圓鋸機製作榫頭。

一般來說，在工坊使用的木工機械中，推台鋸的體積最大，空間夠寬敞才有辦法設置。安裝後就難以移動，在規劃工坊的空間配置時，就必須一起考慮其他的機械跟作業等，決定推台鋸的位置與方向。

本章介紹的是名為「Petty Work LS型」的機種，我以前的工坊空間較小，因此選擇了鋸台的移動距離較短的機種；如果環境允許，選擇大型機種比較能處理更寬大的材料。

只不過這款「Petty Work LS型」機種，左右兩側的鋸台可以一起滑動，右側鋸台的長度達2m以上，可進行長型材料的定寬。

不同機種各有其特色，選擇機種時，建議考慮自己想加工的材料的長寬等來選擇。

用途同為橫切的機具，還有小型的滑動式圓鋸。滑動式圓鋸屬於電動工具，剛度較差，鋸片部分只有單側有把手，容易不穩且間距也短，在性能上與推台鋸相差甚遠。

性能需求

這台機械若要移動或固定鋸台，通常是使用滑軌與滑輪（軸承），或是線性軸加上線性軸承。

這種組合之下，鋸台就完全不會晃動，加工時，可用一張紙的厚度為單位調整。加工面的橫斷面比用鑿刀、鉋刀削切還更正確，且能較快完成，如果是榫卯接合程度的家具工坊，應該是必備的機械。

小型推台鋸中也有100V或200V馬達的機種。大型機械安裝的是符合其大小的馬達，不會有馬力不足的問題。

講求裁切面的精確度、加

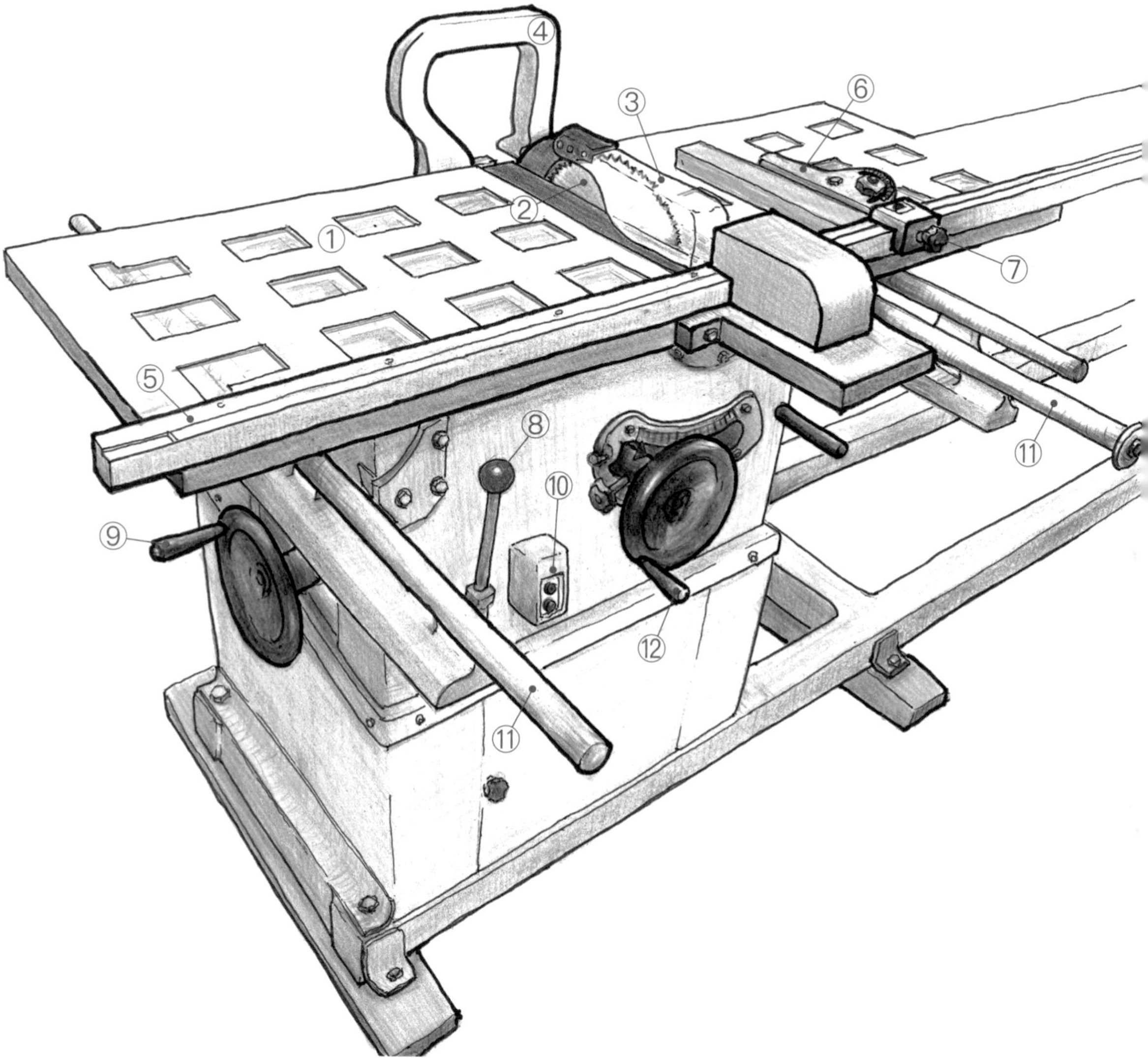

①推台
②鋸片
③安全護罩
④左右鋸台連結器
⑤橫切導板
⑥定寬擋板
⑦定寬擋板固定旋鈕
⑧煞車
⑨鋸片傾斜手輪
⑩開關
⑪鋸台移動線性軸
⑫鋸片升降手輪

工不留鋸痕等，會裝上刀體較厚、直徑305mm左右的圓鋸片。

選擇鋸片時，有橫切專用刀、立式裁板鋸的縱橫兼用刀、合板用等種類繁多的圓鋸片，但就算選錯，裁切面也不會變粗糙或發生危險。

不知如何選擇的話，方法之一是請教木工機械店家、圓鋸廠商的客服專線來協助選擇。

各部位名稱

推台鋸是以橫切為目的的機械。

所以經常用來鋸切桌子、矮桌的桌板等長型材料的橫斷面，鋸台也因此相當寬大。我想，應該是推送這類大型材料並正確地裁切是相當困難的事，所以創造出連鋸台一起推動的機械。

因為是以前述目的打造的機械，體積必然會是大型，不會有DIY等級的推台鋸。

這類機械的名稱會因鋸台的移動方式而不同，本章是採用本書用來解說機械的名稱。

使用前的檢查

檢查滑軌上在移動鋸台時有沒有阻礙物？會不會不順暢？試著將鋸台由近推到最遠。

雖然不少檢查項目與其他機械重複，為了安全起見容我再復述一次。項目如下：

- 周邊環境保持整齊乾淨
- 衣服是否有可能被捲入的部分
- 煞車是否可正常操作
- 鋸片是否確實固定了
- 圓鋸片是否太過凸出
- 是否裝上了安全護罩

推台鋸是材料連同鋸台一起推動的機械，所以只要從一開始手壓材料的位置不在鋸片軌道上，因鋸片受傷的機率就不高。即便如此，因為圓鋸片是以高速轉動，作業時還是要小心謹慎。

推台鋸是推動鋸台來鋸切材料，要由近到遠，檢查可否滑動順暢。

各部位檢查調整

推台鋸同於平台圓鋸機，為求加工精準，平日的檢查、調整甚為重要。推台鋸主要是以垂直木材纖維的裁切，所以重要的是，鋸片與鋸台為垂直、鋸片與滑軌為平行、鋸片與橫切導板為垂直。

◆鋸片是否垂直

有關鋸片與鋸台是否垂直，如果是軸傾斜推台鋸，請轉動鋸片傾斜手輪來調整。

檢查鋸片與鋸台是否垂直的方法，與平台圓鋸機相同，裁切材料並將其中一半轉一百八十度（底面朝上），兩者以切面相對置於鋸台上，檢查切面的上、下方是否有縫隙（詳見第34頁）。如果有縫隙就要反覆調整，直到切面完全吻合。

不同機械的位置、方法等可能不同，請依照個別機械的調整方法進行。

◆鋸片與滑軌是否平行

即便鋸片與橫切導板呈直角，移動鋸台的滑軌與鋸片的側面若不是平行，就有可能在木材的切面上留下連續畫出弧形般的鋸痕。解決方法是，準備單邊長約50cm的大片方形膠合板，實際鋸切看看，從鋸片最初鋸切的位置一直到最遠處為止。倘若鋸片與滑軌不為平行，鋸片在接觸後方的切口時，不會對左、右兩側均等施力，因此其中一面會出現鋸痕。倘若出現這種情形，就必須調整滑軌。

滑軌的調整方式，是藉由旋鬆固定滑軌與機體的螺栓，以螺栓孔的空隙來調整。一次就鬆開所有的螺栓會不容易調整，先輕輕旋鬆其中一根，再以此為基準調整。

右上部分可見類似連續弧形般的鋸痕。這種情形，很有可能是因為滑軌與鋸片不平行。

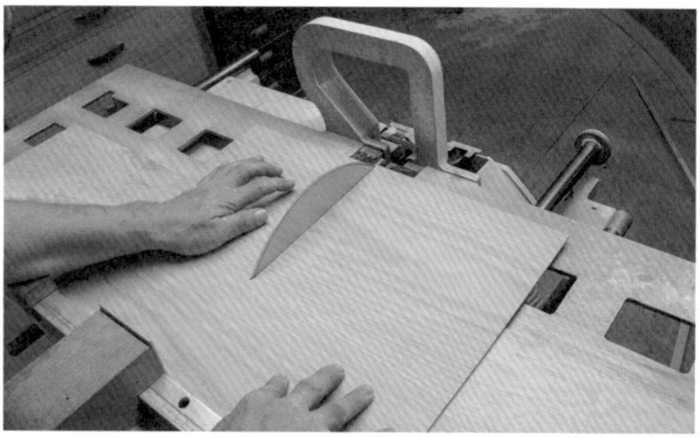

試著實際裁切膠合板。從鋸片最初鋸切的位置，一直鋸切到鋸片的後側為止。

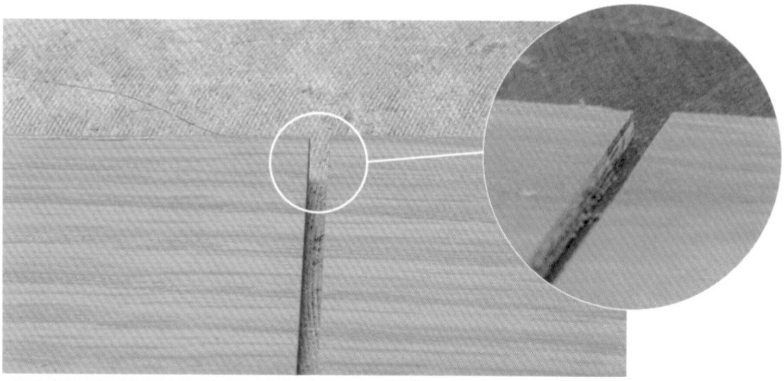

檢查鋸片的後側是否平均接觸左、右兩側。照片中是略偏左側的情形。

要將滑軌與鋸片調整到平行，可利用旋鬆固定機體與滑軌的螺栓，以螺栓孔的空隙來調整。

◆鋸片與橫切導板是否垂直

檢查鋸片與滑軌為平行無誤後，接下來檢查鋸片與橫切導板是否垂直。

正確的檢查方法，同樣是要實際裁切角材。將兩片膠合板重疊並靠著橫切導板，在裁切後，將其中一半翻過來，再抵著橫切導板。這種狀態下，兩邊的切面若是完全吻合，就表示是在垂直狀態下鋸切。其中一側若是出現縫隙，就旋鬆橫切導板的螺絲來調整，反覆旋鬆、擰緊螺絲，直到能以垂直裁切。

如果導板沒有調整的功能時，請遵循個別機械適合的方式調整。本章介紹的機械，調整時是使用鋸台下的線性軸承的螺栓。

單側移動式的機種有三個軸承，雙側移動式的鋸台裝有五個軸承。旋鬆其他的螺栓，除了靠近鋸片的軸承上的螺栓，調整到垂直後，再全部重新擰緊。鋸台若為鋁製，請注意螺栓不能轉太緊。

如何調整橫切導板，照片中的機種是旋鬆直線軸承的螺栓，移動整個鋸台來調整。

清潔直線軸承

當覺得直線軸承動作不順暢時，請一個一個拆下清洗。使用煤油清潔，不使用可能會讓塑膠部分融化的溶劑。以刷子沾煤油仔細刷洗，去除髒污、碎屑等之後，讓軸承在滑軌上反覆來回滑動，好讓煤油溶解油垢與塵埃。

1

取下的軸承。雖然滑動還不至於很不順暢，卻已經累積了許多的灰塵。

2

把煤油裝在大小適中的容器裡，用沾了煤油的刷子刷去軸承上的髒污。

3

軸承在沾滿煤油的狀態下放回滑軌，前後滑動幾次以利溶解油垢、塵埃，並重複上述動作。

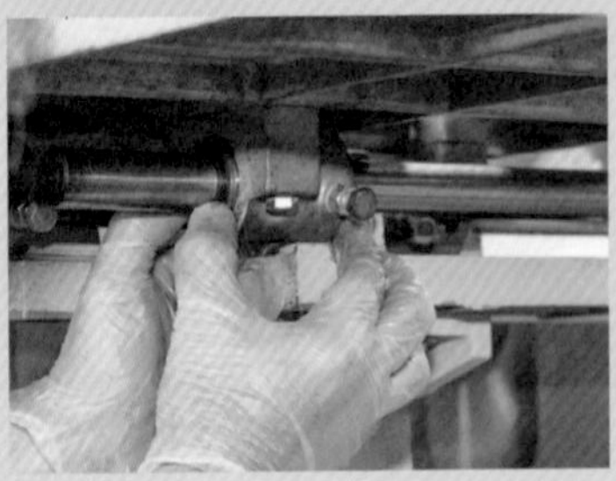

4

將板手套住螺帽，朝轉動方向的反向擰緊。如果是沒有鎖軸的機種，戴上工作手套，從鋸片的側面，緊壓住兩側。

◆滑軌與其周邊的清潔

平台鋸是將大型鋸台置於滑軌上，推動鋸台來裁切鋸台上的加工材料。

要隨時都能準確地裁切，必須讓滑軌與滑軌周邊保持整齊乾淨的狀態。

加工木材時，木粉、木屑一定會黏在滑軌上，隨意只拿空氣噴槍吹氣，木屑可能會跑進軸承、滑軌之間，讓滑軌震動地嘎嘎作響。所以只要在滑軌噴上矽利康潤滑劑，再用廢布擦拭即可。但請注意，光噴上潤滑劑不擦乾、或是塗上有黏性的油，反而會讓碎屑、粉塵黏上來。

線性軸加上線性軸承的機種，也同樣不要使用空氣噴槍從外側吹氣。

長期使用後，線性軸承自然而然會因為塵埃、油垢卡住，而無法移動順暢，此時就要清洗。

清洗時需要一處一處輪流進行。如果一次全部拆卸，可能會因此無法恢復原狀。

一次拆一個軸承下來，以沾有煤油的刷子刷洗，再讓軸承在滑軌上滑動，軸承上沾附的煤油，可以溶解油垢與灰塵。

反覆進行上述動作，滑動就會變得順暢。

對著線性軸同樣也噴上矽利康製的潤滑劑，經過擦拭過後，就會變得很好滑動。

在滑軌噴上矽利康潤滑劑後擦拭。

防塵的樹脂軸封若是破損，請更換軸承。

上油時，可在軸承的內部塗布一層薄薄的潤滑脂（已與該機種廠商確認過），或是使用不具黏性的潤滑劑等上油，不要加過多的油。

其他部分，如升降鋸片的嵌合滑軌、鋸片的傾斜軌道等，適度地在可動部分塗上齒輪油。

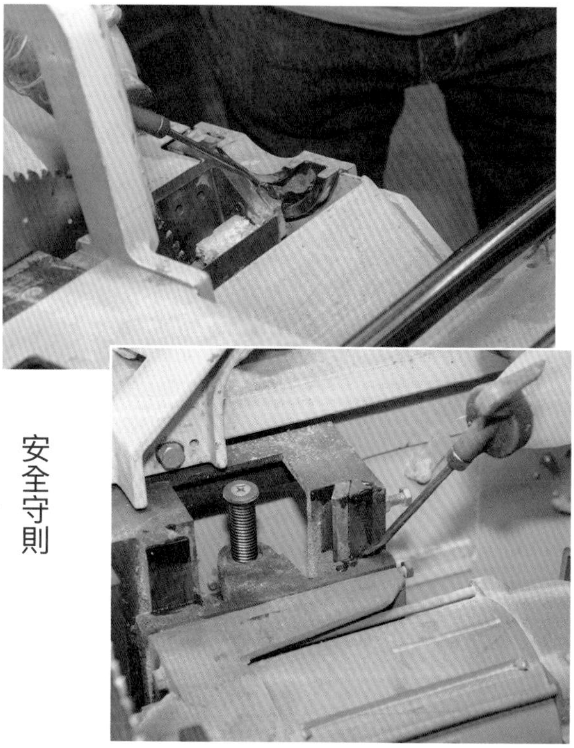
升降鋸片的嵌合滑軌、傾斜軌道等可動部分，請定期上油。

安全守則

與平台圓鋸機相同，推台鋸也有反彈的危險。

在作業前，務必確定鋸片的轉動方向前沒有站人、沒有容易損壞的物品。

要決定加工材料的擺放位置、更換材料時，一定要把推台拉回最近處再處理。

因為可以看見鋸片鋸切的軌道溝槽，推動鋸台裁切時，絕對不可以讓手進到這個範圍。

作業篇

打開開關後，最先檢查是否有異常的聲音。加工材料開始碰觸鋸片時，是否有異常的聲音或震動等。檢查鋸台是否可順利滑動。都沒有問題的話，就可以提高加工的速度。原本應該要裝上安全護罩，但這樣就無法看清楚作業的情形，本書照片是為了拍攝而拆除。

縱橫兼用的鋸片，切面乾淨俐落，用途廣泛。

◆橫切作業

鋸台前方的橫切導板（擋板）恆常與鋸片保持垂直，所以不論何時，都可以將構件裁切出正確的直角。

平台圓鋸機也可利用角度規來橫切，若是材料比較大，要講求穩定作業則使用推台鋸較適合。

此外，切面也很乾淨，大型的推台鋸也可當做立式裁板鋸使用。

鋸台移動範圍內，也可製作中空合板家具的板。這種加工，會裝上立式裁板鋸的橫切圓鋸片。

要以同樣長度鋸切材料時，請固定裁切面對側的定寬擋板。

假設要以1m裁切，雖然橫切擋板的刻度對齊1m，如果沒注意到卡進了小木屑，就會切得比預定長度還短；裝上定寬擋板時盡量多約0.5mm，在削切時比較有彈性。

在定寬擋板前裝上靠木後，一開始先裁掉邊緣，使其與橫切導板呈直角。

也在定寬擋板裝上靠木。該擋板也有調整角度的功能，因鋸片垂直橫切導板，裝上靠木，一開始先切掉一小部分，就能輕易做出直角的導板。

定寬擋板為金屬製，也可因此避免不小心碰到鋸片的危險。

◆傾斜鋸切

推台鋸與圓鋸機相同，可傾斜鋸片來鋸切，鋸片最大可往左側傾斜至四十五度（僅限軸傾斜推台鋸）。

讓鋸片傾斜時，角度愈大鋸片鋸齒的高度就會愈低，所以無法裁切垂直時能裁切的厚板。

推台鋸上，在鋸片的右側是構件、左側則為廢木料。因鋸片往左側傾斜，切除的廢木料會變成在鋸片之下。

廢木料也因此變得不好清除，也就是容易卡進鋸片側面造成反彈。

為防止這種情況，在構件那一側的木材下，墊上2.5mm的薄板再鋸切。如此一來，被切除的廢木料就會因為墊板的高度而掉落，不會碰觸到鋸片，也就很難造成反彈。

兩側都有鋸台時，只要將鋸台拉回到面前，就可以拿掉廢木料。單側鋸台時，鋸片會疊在廢木料上，先關掉開關，等鋸片完全停止轉動後再去除廢木料。

◆斜切等不同角度的鋸切

使用附屬的角度規、自行製作的治具等，就能在大片的材料上以四十五度斜切等。

將軸傾斜來裁切最大只能到四十五度，但用角度規、或製作治具的話，就能以大於四十五度的角度裁切。還可以裁切如等邊三角形的斜切加工等。

如果沒有角度規，可自行以合板製作治具來使用。一般來說，合板最適合用來製作治具。

原因在於木材特有的性質，木材在縱、橫方向的膨脹係數迥異，使得兩個方向的尺寸會隨季節、濕度等變化而產生些微的差距，會使較寬的斜切加工等的接合面不再吻合，產生縫隙。

雖然有角度的裁切，在平台圓鋸機上使用角度規較為經鬆。只不過，事先製作治具放在手邊，好處是隨時都可以用相同的角度裁切。

傾斜鋸片來裁切材料時，切除的廢木料可能會被捲進鋸片，造成危險。

為防止切口不平整，以2.5mm的薄板當做墊板，在使用者的右手側，也就是構件那一側，追加一塊2.5mm的薄板。

切除廢木料後，會掉落在薄板下面，可減少接觸鋸片的危險。

推台鋸的軸傾斜最大到45度。要以大於這個角度進行裁切需要製作治具。

傾斜治具。若將a的角度設為15度，就能進行等邊三角形的斜切加工。

◆榫肩加工

在材料的端部鋸切出榫頭時，因為橫切導板與鋸片總是維持著直角，所以推台鋸的榫肩加工，相較於平台圓鋸機的橫切更為正確。

若在橫切導板上使用定寬夾具，就算材料有好幾個，也容易正確固定，作業效率較平台圓鋸機高。

雖說如此，仍然比不上專門用來作榫的機械。

以下將說明如何加工常見的雙肩方榫接合的榫肩。

基本上，榫頭高度為板材厚度的三分之一，所以二邊的榫肩分別是板材厚度的三分之一。

確定榫肩加工的位置後，對齊該位置固定定寬夾具。將加工面的相反邊的橫斷面，抵住定寬夾具，把鋸片升到與榫肩相同的高度。

為避免切得過深，事先以廢木料試切，掌握鋸切的深

雙肩方榫的榫肩加工步驟

在推台鋸上，利用定寬的夾具，就能一次準確地加工複數材料的榫肩部分。如果是使用有延伸工作台的平台圓鋸機，可統一加工榫肩後再進行榫頭的縱切，作業會很有效率（拍攝時為了可清楚呈現，將護罩拆下）。

1
使用劃線器與劃線刀，依板材的厚度分成3等分，劃上榫頭的墨線。

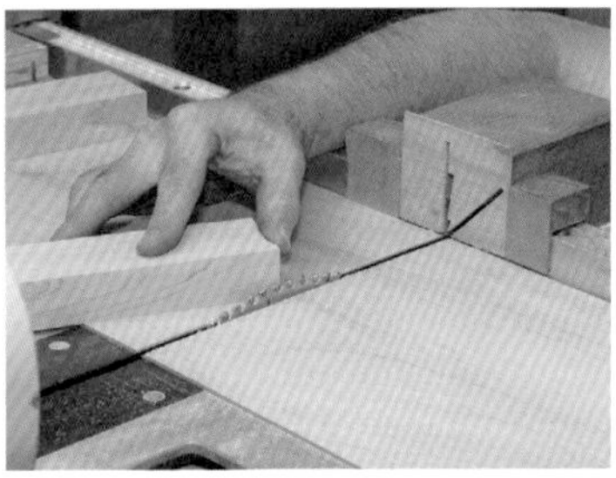

2
推台鋸的鋸片，依據鋸切的榫肩高度調整。

3
試切廢木料，檢查鋸片高度是否正確。

4
檢查廢木料的切口與墨線。照片中的切口，離劃線器的線有著些微差距。如果是這種程度的差距，之後再以鑿刀削切完成。

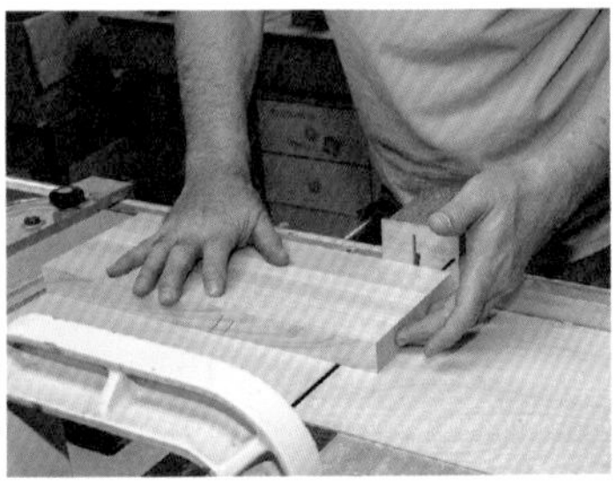

5
以要裁切的材料的橫斷面靠著定寬擋板，對齊所有的切口寬度。

6
讓材料緊靠定寬擋板，邊推推台鋸的鋸台，在材料上鋸切出榫肩的溝槽。

7
背面也鋸出同樣的切口，相反邊也以相同方式加工。後續的鋸切就交給平台圓鋸機。

度。

確定鋸切深度後，實際鋸切加工材料的榫肩部分，再從背面鋸切。鋸切方法與橫切加工相同。

使用雙肩方榫接合的例子，有椅腳與橫桿的榫接。也會用在衣櫃等的橫木上，無論是哪一種，都不會只加工一邊，幾幾乎都是兩邊的橫斷面都會加工。

如果是製作好幾個相同的構件，只要一開始削切的材料長度有些微誤差，就可能會讓榫頭插入榫孔後在榫肩處出現縫隙。

削切時，即便是一紙張厚的誤差，也經常會隨著作業進行導致影響愈變愈大，重要的是每一次的加工都要準確。

◆榫頭加工

平台圓鋸機如果未設置削切榫頭用的延伸工作台，有不少人會使用推台鋸，裝上自行製作的治具來削切榫頭。

一方面是作業時比較安全，而且削切榫頭的精確度，可媲美平台圓鋸機削切榫頭、作榫機等。

以平台圓鋸機削切榫頭時，經常事先在榫肩處切出切口。但如果是推台鋸，先加工榫肩，材料可能會在削切榫頭時不平衡，切除的廢木料也會造成反彈的危險。所以，使用推台鋸時，應先削切榫頭、再鋸切榫肩。

只不過，推台鋸無法削切長榫頭。本書中使用的推台鋸，最大長度為55mm（平台圓鋸機的延伸工作台可削切到100mm的長度）。

◆轉角多榫接合

轉角多榫接合大多數用在箱型器物的榫接，可使用推台鋸加工。

製作轉角多榫接合的切口時，如果是左右兩側鋸台可同步移動的推台鋸，就連較寬的板材，也可連續用同樣的深度鋸切。

如果是單側鋸台式的推台鋸，只要在治具上多下一點工夫，也能做同樣的加工。

雖然平台圓鋸機的縱切側也能做同樣的加工，不過若是較寬的板材，導板有所極限無法更展開。

轉角多榫接合是包含多個接口如七缺榫等的總稱，基本上會平均分配榫頭寬度。略有誤差，組裝就會不順利，一定要先定下基準面再上墨線。墨線要畫在接合後的內側面與橫斷面，不要畫在表面上。另外鋸切時，會倚賴定寬擋板來削切構件，所以只需要在一塊板材上墨線，就能以其為基準固定擋板。

構件靠著擋板的面，請保持在同一面。可從榫頭也可從榫孔開始加工，以最先完成加工的接口，拿要與它接合的另一半構件直接比對後上墨線，會讓加工更正確。

在有著墨線的構件上事先畫上〇×記號，以免搞混要切除與留下的部分。

轉角多榫接合常使用木工修邊機、雕刻機等，加上模板來加工。使用推台鋸的好處，例如可自由決定榫頭寬度，即便是複數的構件，只要將定寬擋板固定就可以正確地加工，幾乎不會產生毛邊、缺損等。

若是使用模板，一旦裝好就能夠加工全部的榫頭。推台鋸卻不然，每個削切的部分都必須重新固定定寬擋板。如雙肩方榫的加工範例，以同樣的原則利用廢木料試切再加工，就可製作出相當精準的轉角多榫加工。

只不過，因為是以木材橫斷面朝向鋸台加工，治具高度夠高的話就能加工有一定長度的材料，但還是不適合加工太長的材料。

雙肩方榫的榫頭加工步驟

以推台鋸鋸切榫頭時，製作專用的治具就可以讓作業正確且穩定。雖然效率上無法比擬專用的機械，完成的狀態仍很漂亮。

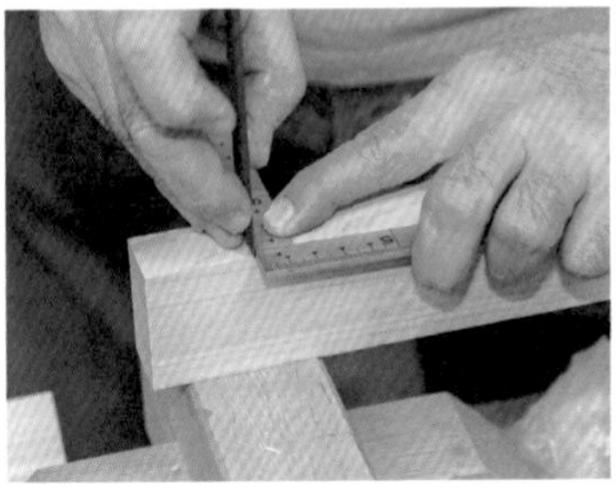

1

使用劃線器和劃線刀，依板材厚度分成3等分，畫出榫頭的墨線。

2

鋸片高度要對齊榫肩的墨線（榫頭高度）。

3

以夾具將構件固定在鋸切榫頭用的治具上，對齊榫頭的切割線與鋸片的刀緣，以夾具固定治具與橫切導板。

4

將治具從構件移開，固定試切用的廢木料，試切看看。

5

切口開到比劃線刀的線略微往下的位置。這種程度的誤差，裁切後再以鑿刀削切乾淨即可。

6

固定鋸片的高度後，重新固定構件並開始削切。因為治具已經固定，之後的材料就算不上墨線，也能削切榫頭。

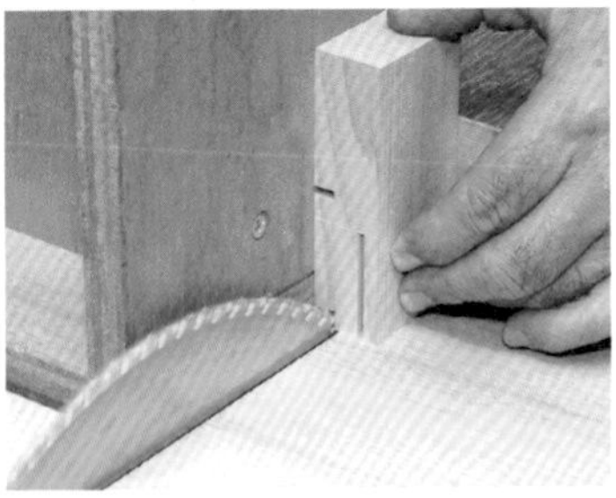

7

加工完所有構件的榫頭後，將鋸片對齊另一側的榫頭的線，重新固定治具，一開始以廢木料試切。

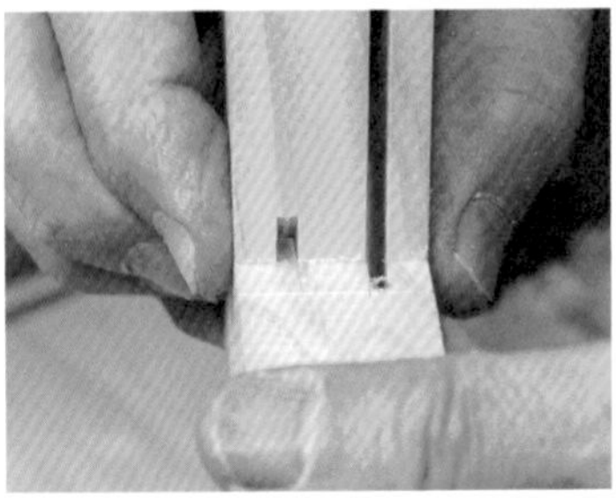

8

比對試切用的廢木料與有墨線的構件，兩者吻合的話就可以開始作業。兩者若是無法對齊，就要重新調整治具的位置。

9

削切第二根構件的榫頭時的原則，與最初削切榫頭時一樣。

10

榫頭削切完成。這之後只要削除榫肩，榫頭就完成了。如果先切好榫肩，會有反彈的危險，所以採用這種方法時一定要先切榫頭。

轉角多榫接合的做法

使用可讓切面平整的推台鋸，能夠製作出相當精準的轉角多榫接合。縱使麻煩，也要先以廢木料試切，作業才不會失敗。

1

以雙丁劃線刀上墨線相當便利。將寬度分成9等分，做成9缺榫接口。還未確定精確的製作尺寸時，先分成9等分再切除多餘的部分。

2 將鋸片升高到對齊榫肩的線（榫頭高度），削除一點廢木料的橫斷面。

3 以畫好的榫肩墨線比對試切的廢木料，切口高度若是無法對齊墨線，需要調整鋸片高度直到兩者對齊。

4 將靠板抵著定寬擋板，固定鋸切的位置。如果為箱狀，將2塊板材以夾具固定一起鋸切。

5 即使相反邊沒有墨線，因為擋板已被固定，所以還是可以用同樣的寬度鋸切。

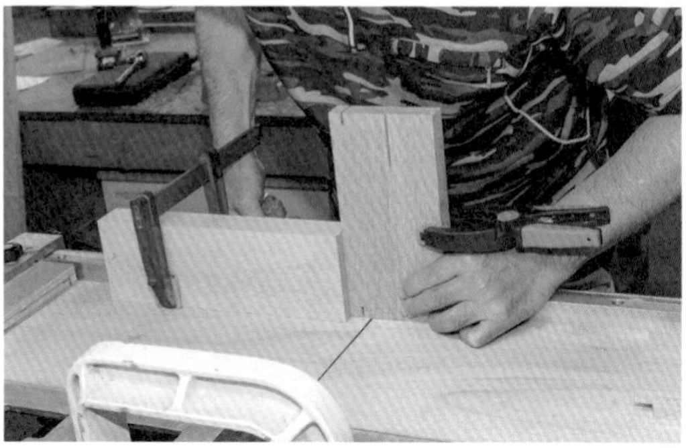

6 移開定寬擋板，沿著一開始削除的部分與相對的線來鋸切。之後以相同原則繼續作業。

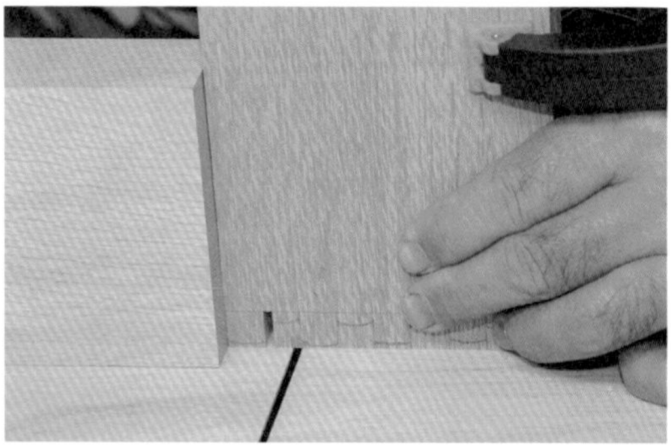

7 因為一邊往上一邊鋸切，所以嵌入板會合於鋸片的軌跡。

轉角多榫接合的做法

8

沿著墨線鋸出切口，剩下需要切除的部分於削切時自由發揮。

9

所有凹處都已削切完，拿要接合的另一半構件比對後上墨線。

10

因為劃線刀的線不太清楚，用鉛筆在要削除的部分做記號。

11

鋸切的原則跟一開始鋸切的構件相同。

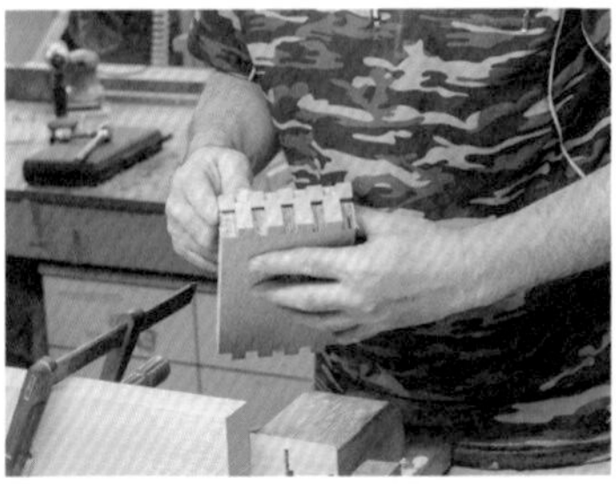

12

所有的構件接口都已完成，以鑿刀將榫肩部分削乾淨，檢查接合情況。此時請不要改變接合方式。

13

試著接合後，如果有無法嵌合的部分，同樣使用定寬擋板來鋸切。如果只差一點點，用鑿刀也無妨。

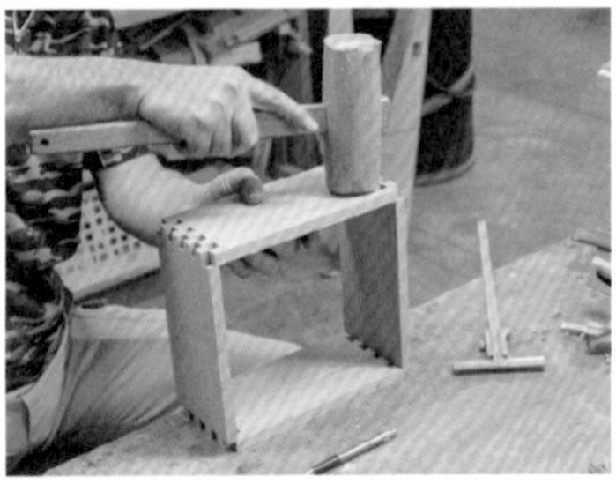

14

試組裝。較佳的緊度是需要用木槌敲入，如果太緊就先拆開，檢查那些要敲很大力的部分，再次鋸切。

15

完成了轉角多榫接合的接口。這裡只解說加工方式，實際在製作作品時，需要考慮木紋接續、木材正反面的使用方式等來上墨線。

◆鳩尾榫接合

兩側可同時滑動的鋸台，只要製作治具就能加工較大的鳩尾榫。連續的小鳩尾榫則較為困難。

鋸片的厚度為3mm，因為是傾斜鋸片來使用，榫肩部分很難準確依照墨線鋸切，通常是大致削切後再以鑿刀等來完成。

雖然也可以用在較大的箱型器物、抽屜的背板、桌椅的接口等，但與轉角多榫接合一樣，是將木材橫斷面朝向鋸台加工，所以還是不太適合加工太長的材料。

鳩尾榫接合的做法

以推台鋸加工鳩尾榫，連公、母榫的斜面部分都可以用推台鋸完成，有助於提升作業效率。因為是使用治具來作業，上墨線必須正確。榫肩最終是以鑿刀削切完成。

1.上鳩尾榫的墨線。

2.將傾斜15度的治具固定在橫切導板上，在治具的導板面鎖上L型角鐵。

3.15度的傾斜治具。重疊合板，其上開有方形孔，是為了以夾具固定。

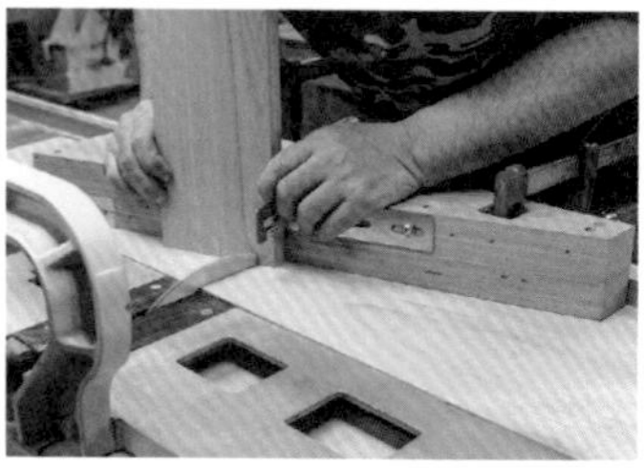

4.將L型角鐵對齊墨線後開始鋸切。

5.加工複數板材時，就算不上墨線，靠著L型角鐵就可用同樣的寬度鋸切。

6.邊改變L型角鐵的位置，邊鋸出切口。

7.要在榫頭另一側切出切口時，翻轉治具並以同樣方式加工。

8.切出所有的切口後，拆除治具，靠著橫切導板切除不要的部分。

9.以推台鋸加工公榫的步驟到此為止，接下來以鑿刀削切完成。

10.將治具豎起，將鋸片配合治具的斜面傾斜，斜度為75度。

11.傾斜的鋸片，讓頂點可對齊榫頭底部的線。

12.以廢木料來掌握切口的深度。因為鋸片傾斜，鋸切到還看得到線的程度。

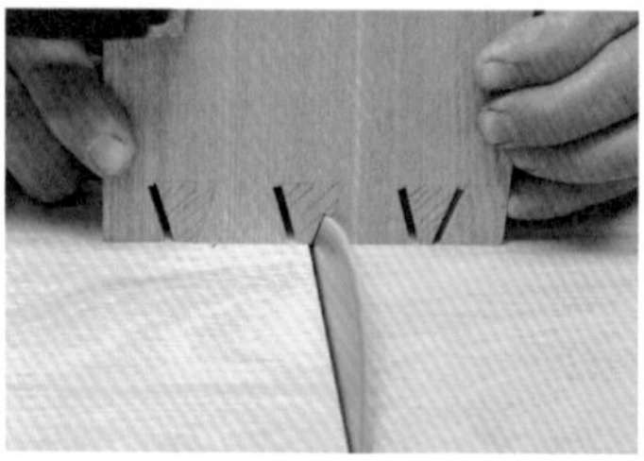

13.將構件靠著橫切導板，切出75度的斜向切口。

14.以傾斜的鋸片盡可能的鋸切，切不乾淨的部分則將鋸片轉回90度來削除。

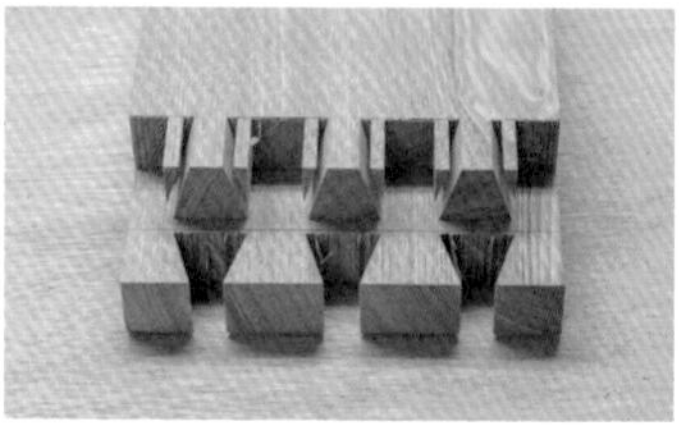

15.最後將兩者重疊，無法吻合則修正該處的母榫部分。

用於鉋削的機械 種類與用途

鉋削木材的機械

製作有腳的家具如桌、椅；箱型器物如架子、衣櫥等時，會需要加工許多的構件。通常這些構件是以製材過後的木材來加工。

居家裝修中心等處，會販售具平面與直角的集成材，大小跟厚度都有許多的種類。

在這類材料上墨線，裁切後並以小螺絲組裝，就能製作成家具。

這種DIY式的木工中，用來鉋削的機械並不是太重要，因為這些材料說起來都是屬於成品。

櫸木、核桃木等，在日文中是被稱為「銘木」的一整塊原木板，如果要從這種原木板製作家具，就要在木材行購買原木材，再自行製成具平面與直角的材料。

如此一來，手壓鉋、單面自動鉋這些用來鉋削材料的機械，就是非常重要的必備品。

愈是精密的工作，最後就愈需要以平鉋親手加工；不過表面自動鉋木機只要裝好刀片，鉋削的成果可等同專業人士，在製作構件數量多的箱型器物等時，也能快速、輕鬆地完成。

為了將材料削切到能上墨線的狀態，手壓鉋與單面自動鉋不可或缺。要有效率地施加表面鉋削，則要再加上表面自動鉋木機，必須要有這三種機械。

手壓鉋

手壓鉋的主要結構，包含迴轉刀頭與其前後的工作台、導板。將出料台面調整到跟鉋刀刀尖同高，再讓進料台、出料台保持水平，如此一來，就可以鉋削出平整、正確的平面。

將一開始鉋削好的平面（第一基準面），壓靠在垂直工作台設置的導板上，鉋削該材料下方的面（第二基準面），兩個面被鉋削成平面，就能讓接續的面形成直角。

與平鉋的下端有著同樣功能的是手壓鉋的工作台。金屬鑄造的工作台也跟鉋刀的鉋台一樣，經年累月使用後就會略微不平。當超出容許範圍，工作台就必須加以修正。

單面自動鉋

單面自動鉋是以手壓鉋鉋削成的平面（材面）為基準，將相對的另一面鉋成一定的厚度，可將加工材料的厚度變為一致的機械。

通常會搭配手壓鉋使用，這兩台機械搭配使用就可削切出有著正確四角形的斷面。

手壓鉋需要手工推送材料，單面自動鉋則是自動進料，上方的進出料滾筒會自動推送加工材料，因此安全性高。

表面自動鉋木機

結構上與有鉋刀和壓鐵的平鉋相同，功能也一樣。

即便使用了表面自動鉋木機，還是有人會在最後一道鉋削工序時使用平鉋。表面自動鉋木機鉋削過後，再以平鉋做最後的鉋削，能大幅提升效率。

與平鉋的不同之處，在於工作台為金屬製，不會不平整，只要調整鉋刀露出的位置與壓鐵就可以使用。是從基本的木工機械想要進一步提高生產效率時會想購買的機械，但也是等到其他機械都買齊後，再考慮是否購買的機械。所以在此只簡單介紹。

會排出類似於平鉋鉋削後的鉋花。也可確實克服逆紋。

隨著進料，鉋花會從排屑口排出。

進料的機制與單面自動鉋相同，雖然都是自動，不過表面自動鉋木機的鉋刀是裝在下面。

手壓鉋

是想從 DIY 升級在初期就需要引入的木工機械，也是屬於需要技術的木工機械。每次鉋削都必須檢查狀態，判斷接下來該如何鉋削。

手壓鉋可以做什麼

專業木工不可或缺的機械

帶鋸機、手壓鉋、自動鉋是屬於從DIY等級的木工提升到榫接器物等級的木工時不可或缺的機械。

要是沒有這三台機械，就無法正確地削切木材。

以帶鋸機鋸切過再經切割的材料，會使用手壓鉋鉋削出要拿來當做基準的平面，接著將接續該基準面的平面鉋削成與其垂直，是做出基準面的機械。

因為是去除反翹、彎曲等，鉋削出可當做基準面的平面的機械，然而並非是依據既有的準確數字來加工，所以在以手壓鉋鉋削完後，必須留下可供最後鉋削用的厚度。

手壓鉋也能夠將導板傾斜，依指定角度鉋削，不過將斷面加工成小角度的三角形，並不精準，也會增加受傷的危險。

性能需求

手壓鉋這個機械，比起由馬力決定性能，最被重視的是能夠鉋削的寬度。

DIY等級大多是鉋削寬度為150mm的機種，最近也可見200mm、250mm的機種。

有較寬的鉋削寬度，就表示可加工的範圍更廣。想成為專業木工師傅，至少要有300mm的機械。

觀察日本製的二手機械市場，鉋削寬度300mm的機械很常見。

如果購買了寬度150mm的手壓鉋，才考慮成為木工師傅並開業，我想那之後應該會產生不滿。此時必須更換成300mm的機械。

例如想以寬度200mm的機械製作寬為900mm的桌板時，無論如何都需要拼接五塊板材。

如果寬度為300mm，則可以用三塊或四塊板材拼接，製作出有著美觀的桌板的桌子。

有刀片數量為二支、三支的機種，現在以三支刀片為主流。鉋削面可鉋削得很光滑，也不太會留下刀痕，能長時間保持鋒利。

就算是二支刀片的機械，只要刀片裝得好，逆紋也能鉋削得很光滑，最後一刀慢慢鉋削的話幾乎不會留下刀痕。

鉋刀刀鋒的缺口變多、變鈍時，就要請廠商幫忙研磨。

刀片送去研磨時，作業會被迫暫停，所以如果是專業木工師傅，至少需要準備兩組刀片。也就是送去研磨時有能夠替換的刀片。

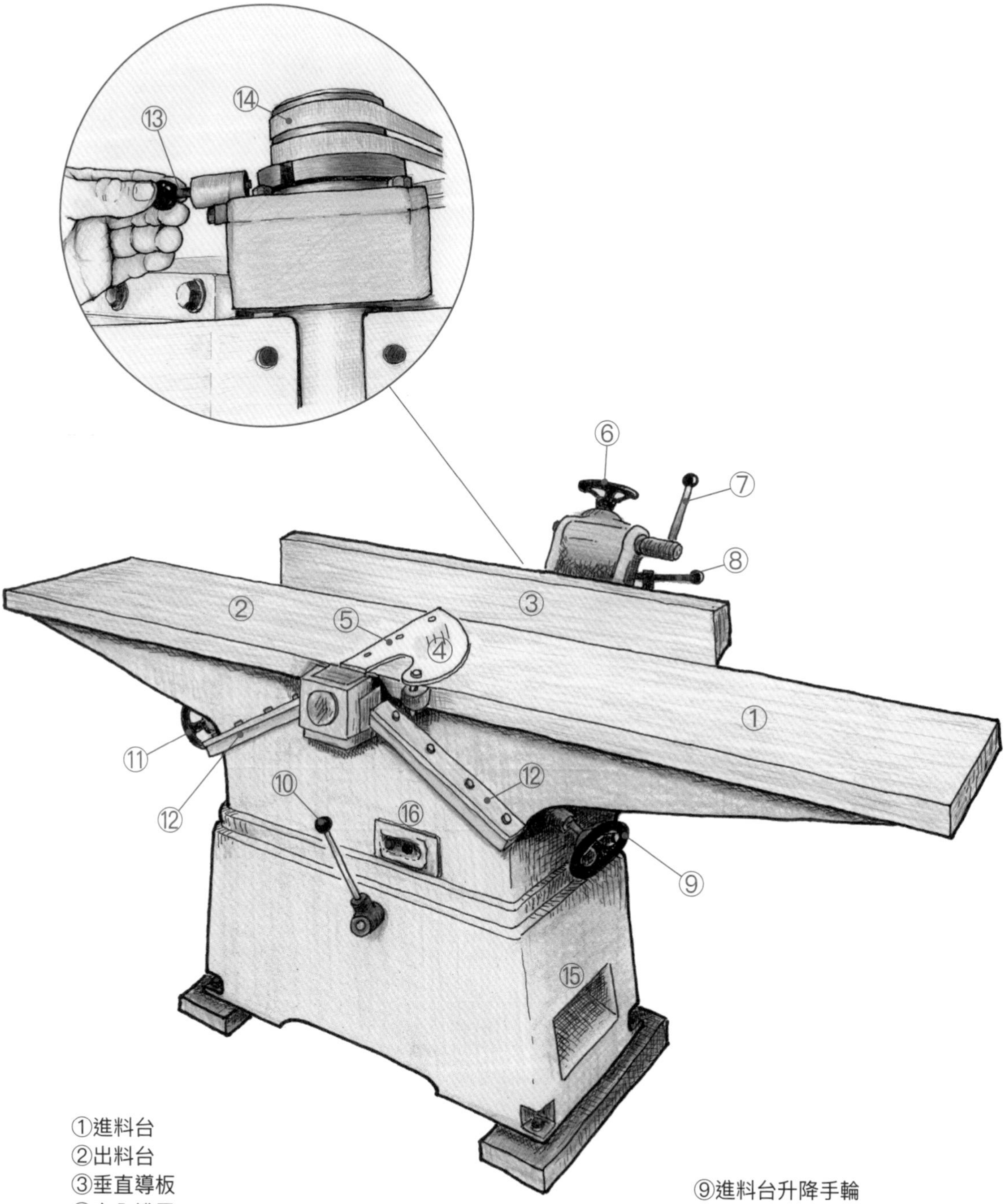

①進料台
②出料台
③垂直導板
④安全護罩
⑤刀頭
⑥導板傾斜手輪
⑦導板傾斜固定手柄
⑧導板固定手柄

⑨進料台升降手輪
⑩煞車手柄
⑪出料台升降手輪
⑫嵌合滑軌
⑬鎖軸手柄
⑭V 皮帶
⑮排屑口
⑯電源開關

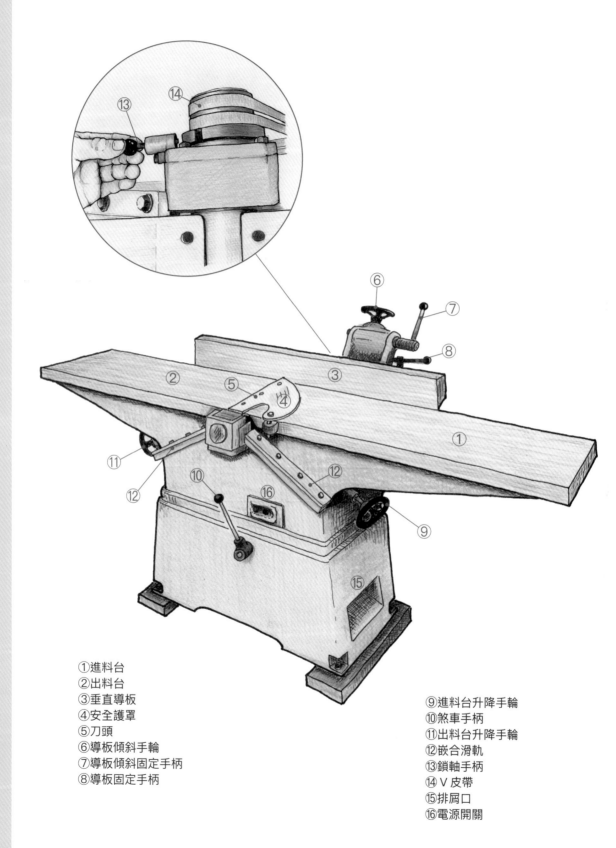

各部位名稱

手壓鉋的操作，對專業木工師傅來説，是屬於受傷頻率相對高的機械。為了使用安全，不可省略各部位的檢查。

上一頁介紹了一般的手壓鉋的各部位名稱，不過名稱可能會因廠商不同有所差異，本書統一使用前頁中介紹的名稱。

市面上也有販售加裝用的安全護罩，務必安裝後再作業。

使用前的檢查

手壓鉋正如其名，是以手按壓推送木材來鉋削，因此是意外頻發的木工機械。

啟動前，務必檢查以下事項：

- 檢查煞車的作用
- 檢查安全護罩
- 檢查導板的角度
- 檢查推板

通常會讓安全護罩覆蓋住鉋刀，當鉋削的材料往前送，護罩就會往前打開，可在削切時讓材料與護罩間不會出現空隙，是讓人不容易受傷的設計。

在材料通過鉋刀上方後，安全護罩會再度回到原本的位置，覆蓋在鉋刀之上。請檢查這部分是否運作如常。

有些舊機種、二手機械等未裝有安全護罩，建議訂購加裝用的產品並安裝在機械上。

在日本職業安全衛生法中，規定必須設置安全裝置。該法的目的是保護勞工安全與健康，雖然好像也有不少木工師傅，在私人作業時未裝設安全護罩，但即便是私人使用，仍然會有發生意外的危險，建議裝設。

手壓鉋的基本使用方法，是將切割過後的木材鉋出第一基準面和第二基準面，讓兩個面相接的轉角形成直角。因此，垂直導板與工作台必須保持垂直。

雖然也可以用角尺，抵著垂直導板與工作台檢查是否為直角。然而，要更正確地檢查，就要實際用有一定高度的二根角材，鉋削出它的第一基準面與第二基準面，將鉋削面相對置於平坦的地方。兩個面若已鉋削成直角，二根角材之間不會有空隙；兩者間若有空隙，就表示垂直導板並未垂直。

只不過請注意，鉋削完第一基準面後，倘若不能讓該基準面完全貼緊導板，即使繼續再鉋削第二基準面，那麼就算垂直導板的角度正確也無法鉋成直角。又或是切割反翹的板材而成的材料，斷面會變成平行四邊形，難以鉋成直角。

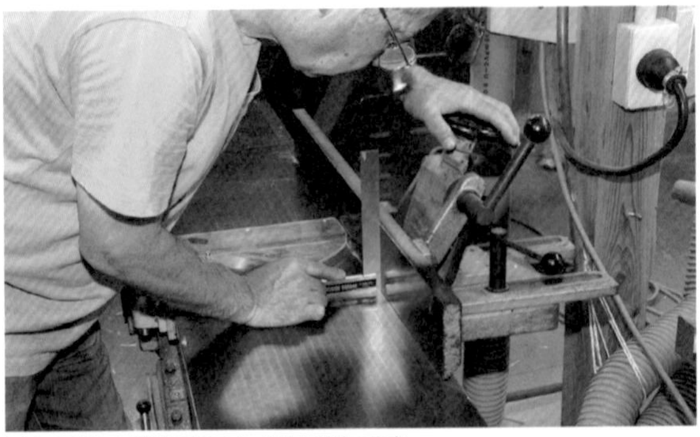
以角尺檢查導板與工作台是否為垂直。

將第二基準面放在平面上，與第一基準面相對，就能正確地檢查出導板與工作台是否垂直。只不過前提是有以正確的方式鉋削。

鉋削木材時，請注意不要讓推送材料的手經過鉋刀上方。鉋削小或薄的材料時，請使用推板。務必要事先準備在手邊，以免作業開始後才在尋找。此外，為了減少材料在工作台上推送時的阻力，先噴上矽利康成分的潤滑劑為佳。

其他意想不到的地方也潛藏著發生意外的危險。在作業開始前，請一定要將機械的周邊、腳邊等整理乾淨。

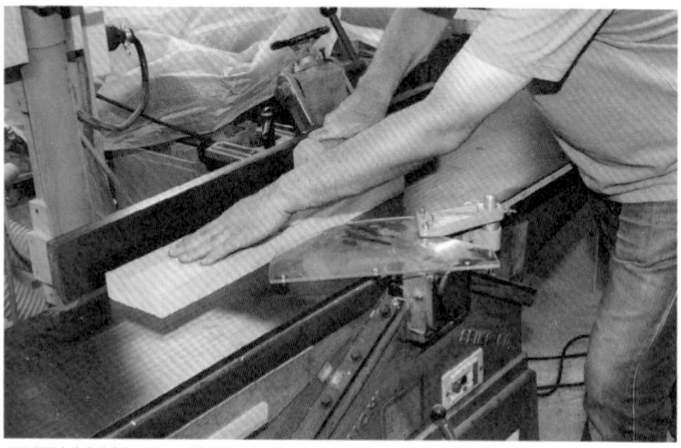
緊壓材料推送，鉋削山形紋面做為第一基準面。

各部位的檢查調整

手壓鉋與平鉋相同，刀頭伸出工作台時必須保持一致。

此外，安裝在刀頭的二支刀片或是三支刀片，必須高度一致。

鉋刀變鈍時，就得送去研磨。所以後續將連同更換刀片的步驟，說明調整方法。

什麼時候需要更換刀片，並未有明確的規定，通常在刀片缺損、鉋削材料上出現明顯刀痕時更換。然而刀痕只有一、兩條的話，有時會避開那一部分繼續使用。

刀片變鈍時，在推送材料時會感覺變重。此外，鉋削木紋組合複雜、容易逆紋的材料時，鋒利的刀片較容易克服逆紋，所以此時也會考慮更換刀片。

更換刀片的作業，會嚴重影響手壓鉋克服逆紋的功能、與是否會留下刀痕等。安裝好

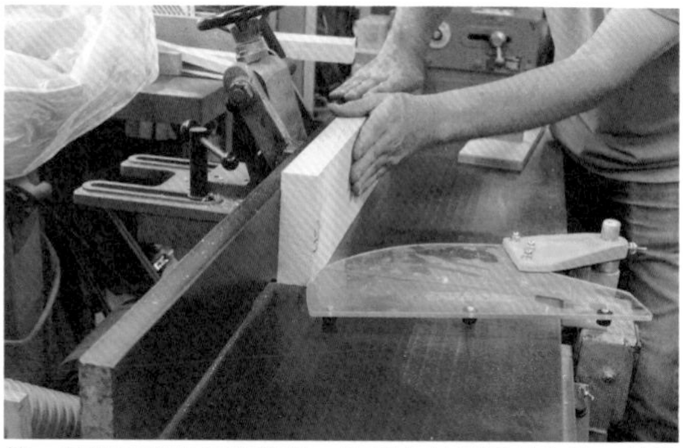
第一基準面緊貼垂直導板，鉋削木材側面做為第二基準面。

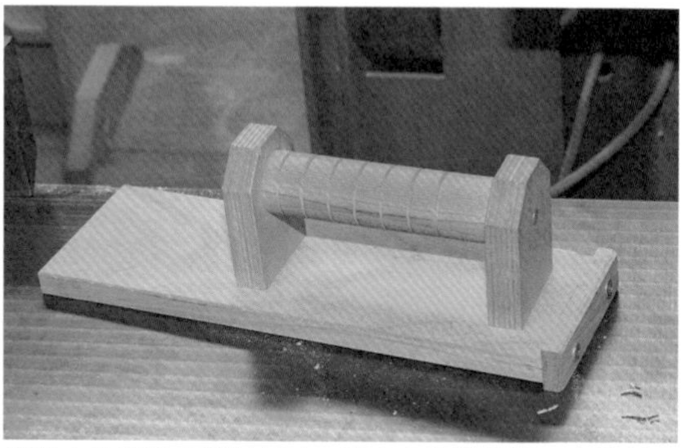
鉋削小的材料或薄材料時，請務必使用推板。在鉋削之前，確定手邊有推板。

更換手壓鉋的刀片

依據機種，安裝方法可能有所不同。不過重點部分會是一樣的，請在個別機械更換刀片時參考。以下介紹的是可鎖軸的三支刀片類型，在未附有安裝用的設置規時，使用磁性座的方法。請一定要拔掉插頭後再進行。

1

先鎖軸，再固定刀頭。將皮帶部分稍微前後移動，確實壓到最深處。

2

降下進料台，就會露出鎖住刀片的螺栓，在此位置下可旋轉螺栓，以此狀態更換刀片。

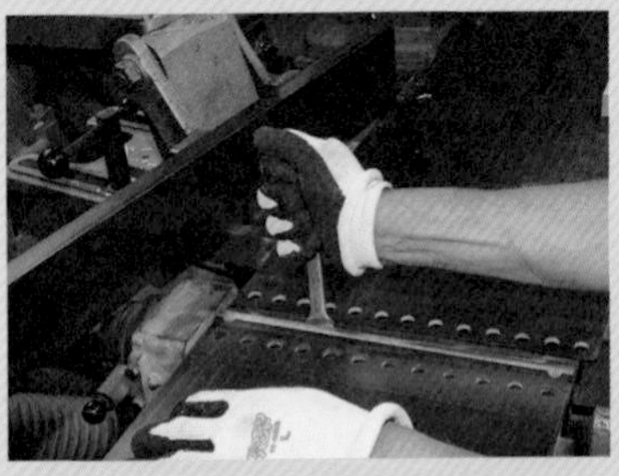

3

因為刀尖向上，戴上手套以免不小心割到手。先旋鬆螺栓。使用規格相符的板手，如果螺栓看起來快崩牙了，不要遲疑馬上更換螺栓。

4

旋鬆所有的螺栓後，彈簧的彈力會將刀片往上頂，拔出刀片，移除壓鐵與彈簧。

5

清除壓鐵、彈簧等處的灰塵，檢查各部分，準備安裝。

6

使用空氣噴槍等清除安裝刀片的部分的碎屑、粉塵。為防止生鏽，塗抹一層薄油，再用廢布擦拭。

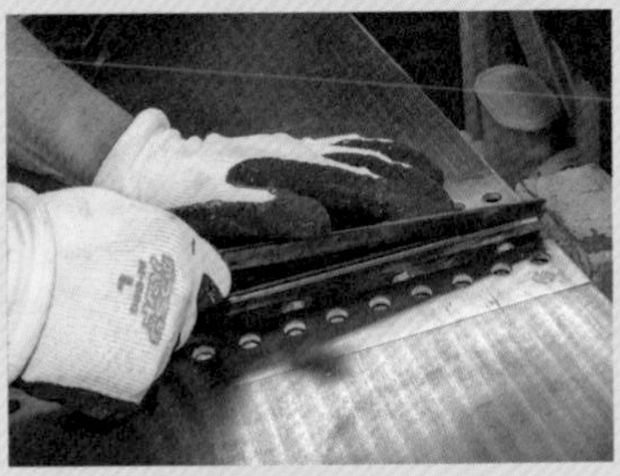

7

安裝的步驟與拆除時相反，依壓鐵、彈簧、刀片的順序裝入。

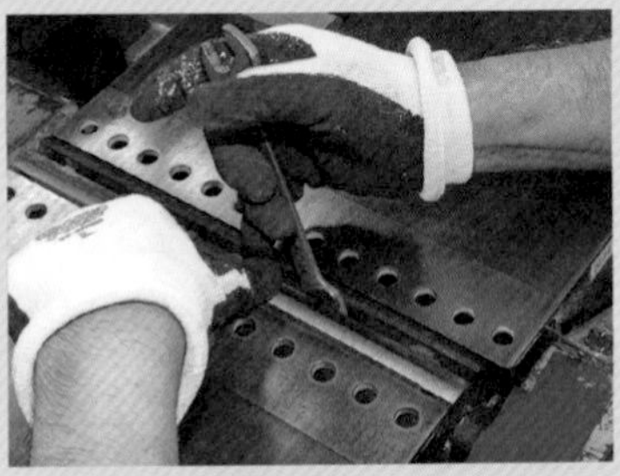

8

下壓到刀尖可收於內側，鎖上螺栓暫時固定。這個時候的鎖緊程度，只要刀片不會噴出來即可。

9

將磁性座置於出料台的兩端，如覆蓋住刀口般，開關轉到ON。

10

再次旋鬆螺栓，彈簧會將刀片往上頂，直到抵住磁性座的底部，刀片高度會與出料台相同，此時將螺栓擰緊。

之後，無法像平鉋一樣只要敲打壓鐵來扣緊即可即時調整，所以必須謹慎。

一般來說，鉋刀是以螺栓鎖上。使用板手來旋鬆或擰緊時，可能會因為板手滑掉讓手碰到刀尖，請一定要戴上防護手套。

只不過，安裝細緻的刀片時，有時也須倚賴指尖的感覺，就算覺得麻煩，也請視情況穿脫手套。

板手等工具請務必使用適合的規格，以免發生螺栓的頭部崩牙而無法取下的情況。

所有的機械都共通，為了避免開關在作業前打開，請拔掉插頭或是關掉斷路器。

更換刀片的方法，依機種有所不同。更換的步驟，本書使用自己的機械來介紹，不過調整的重點是相同的，請遵照各自的鉋刀片更換步驟來調整。

調整的重點如下：

- 安裝在刀頭上的二支或三支刀片，高度要一致
- 鉋刀的刀鋒要與出料台平行且等高
- 刀背與刀尖保持適當的間隔（0.3至0.5mm），較容易克服逆紋。

工作台保持水平也相當重要，這點在後面「進料台與出料台出現誤差時的調整」的小節會說明，在此先略過。

有附鎖軸的機種，鎖在鉋刀刀尖達到頂點的位置。如果是刀頭處裝有彈簧的類型，以下將介紹利用兩個磁性座，可簡單將裝上的所有刀片，調整到同樣高度的方法。

從鉋刀的外側到內側，裝上後，刀尖與出料台的台面要在同一直線上，可以連同這部分一起調整。

更換刀片，將墊著彈簧的刀片壓到最深處，以此狀態暫時用螺栓固定，磁性座覆蓋在刀口上，置於出料台的兩端。

把磁性座的開關轉到ON，將暫時固定的螺栓完全旋鬆。彈簧會把刀片往上頂，直到碰到磁性座為止，此時再一次擰緊螺栓。

這個時候刀尖會撞到磁性座，但鋼更為堅硬，所以不會缺損。

這次要確實將所有的螺栓以同樣大小的力擰緊。二支或三支的刀片以同樣的方式安裝，刀片的高度會相同，且送料台的台面也會與刀尖對齊，雖然必須要有二個磁性座，卻是推薦使用的方法。

沒有鎖軸的機種，或是刀頭未附設彈簧的機種，以下將介紹稍嫌麻煩、使用角材當做導板來更換的方法。

此外，更換刀片時需檢查的項目如下：

- 刀片上的螺絲是否記得鎖上
- 鎖緊的力道是否均等
- 有鎖軸的機種是否記得打開
- 馬達皮帶的鬆緊、裂痕等再次旋緊螺栓
- 在螺峰、嵌合滑軌（鳩尾形的軌道狀溝槽）等處上油
- 檢查軸承的油脂狀況

測試運轉

刀片更換完成後，進行測試運轉。以目視即可，檢查安裝的刀片是否高度相同，再打開開關。

開始運轉後，聲音是否跟更換前相同？是否出現異常的聲音？沒有異常的話，利用廢木料來檢查鉋削程度，外側與內側的鉋刀是否均等。

此時，如果出現以下情況：

●鉋刀的外側與內側的削切狀態不同

應該是刀片安裝的高度不一致。還有，如果是刀痕的間隔不一、出現大刀痕的情況，可能都是因為刀片安裝的高度未對齊。刀痕若是相當明顯，應該用目視就可以看出高度不同，關掉電源，檢查刀片的高度。略有高低差，則對加工的影響不大。

●鉋削完之後，木材端部被鉋削成較深的狀態

●無法平均鉋削

刀片的外、內側的鉋削程度應該相同，鉋削完成後，若是木材端部被鉋削成較深的狀態，原因應該是出料台較低。相反來說，若是鉋削量逐漸減少，可能是因為出料台略高。理想情況是兩種情形都不會發生，迴轉的刀尖頂點處於與出料台高度一致的狀態。但在考慮安裝刀片的方式所產生的誤差，前方的台面稍微低一點更便於使用，這種程度下，端部的高低差不會太明顯。

◆進料台與出料台出現誤差時的調整

進料台與出料台等高時，刀口的外、內側高度卻不一致（一側等高，一側較低時），應該是台面間產生歪扭。木工機械多為金屬鑄造而成，經年累月使用後有可能會歪斜，或因摩擦耗損。

調整刀片高度與平行安裝刀片的方法（沒有鎖軸的機種）

若是沒有鎖軸的機種，使用角材來調整刀片的高度。用目測，當刀片略凸出台面時，將其鬆鬆地固定在鉋刀頭上。使用約長20cm的筆直角材壓在台面上，讓刀片插進角材中。在此狀態下，轉動鉋刀頭時，插進刀片的角材也會跟著一起滑動。在插著的刀片從角材滑出時的位置，畫上記號當做導板。

1
讓刀尖凸出到頂點位置抵著角材，在出料台的刀口位置，畫上基準的記號。因為刀尖略微凸出，所以會是插進角材的狀態。

2
轉動鉋刀頭，因為刀片插進角材中，所以角材會跟著滑動。當刀片從角材滑出，角材就會停止，在角材上標記這個位置。

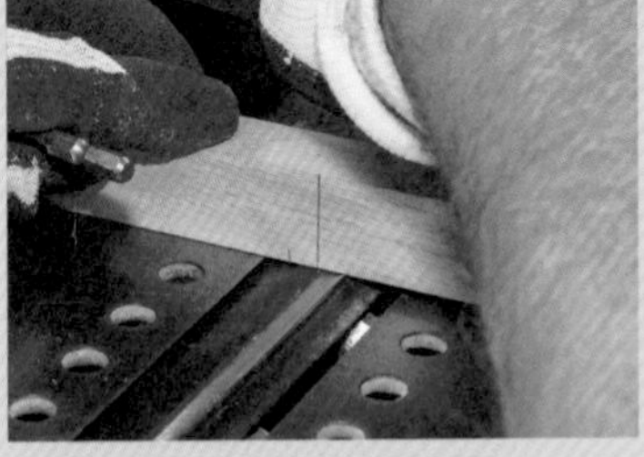

3
將畫有記號的角材置於刀口後側，長線段對齊出料台的刀口，試著往進料台滑。短線段會比出料台更向前，可知刀片較高。

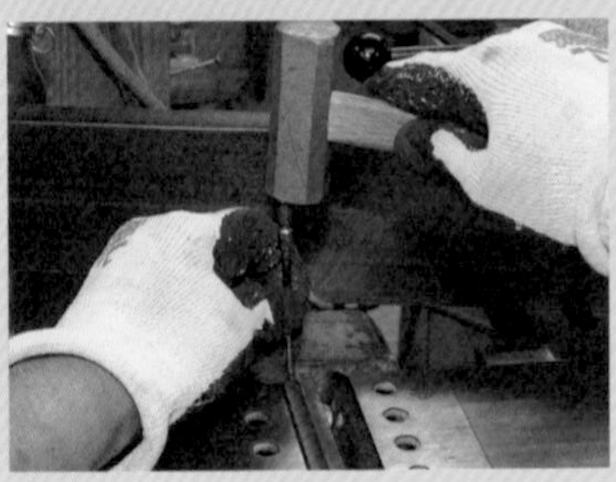

4
以尖頭的鑽子敲打刀尖的斜面前端部分，刀片會一點點往內縮，如此反覆調整。當其與外側的滑動幅度相當時，轉緊螺栓。

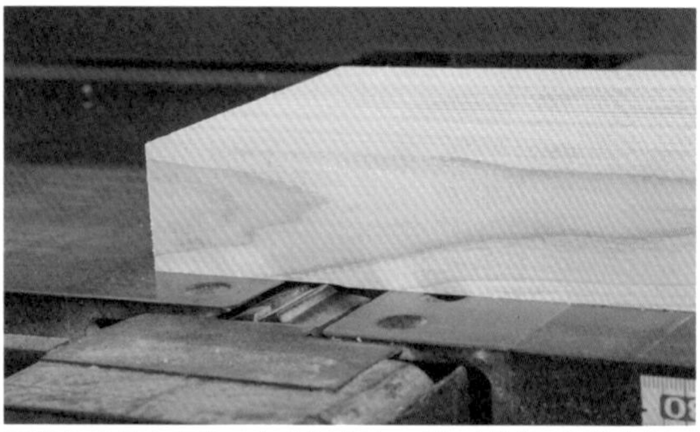
正常的出料台高度。在出料台這一側，材料只會被鉋削一點點。

出料台較低的話，鉋削結束後端部出現高低差。

以導板壓住，可見出料台較低。

如果是嵌合滑軌型手壓鉋，請旋鬆照片中紅圈處的螺栓，在嵌合滑軌下方夾入墊片，以調整台面的歪斜。

寬300mm時，一次若誤差0.1mm，鉋削十次後左右兩側就會有1mm厚的差距。若是150mm的材料，誤差是0.05mm，約莫0.1mm的歪斜我想還在容許範圍內。

如果是高階的手壓鉋，也有些機種具備調校台面誤差的功能。

嵌合滑軌型的機種則幾乎都不具備調校機能，因此需要在嵌合滑軌下夾入墊片，將工作台墊高。

誤差如果在0.1mm以上，最好進行調校。調校需要準備墊片，但市面上並未販售這類墊片，需要自行製作。

鋁製啤酒罐的厚度為0.1mm，以鐵皮剪剪下適當的長度，並將單邊捲起，避免墊片在嵌合滑軌中掉落。鬆開嵌合滑軌的螺栓，將滑軌稍微抬起後夾入墊片。

以夾入墊片的方式來調校時，將二塊板材的拼接面鉋削出直線，再把該面相對，當正中央出現空隙，或是只有正中央密合的話，就表示進料台與出料台間有著略微向上凸或向下凹的く字型凹折。

將二塊板材鉋削後貼合時，愈往材料中間愈密合、往外側則出現空隙的情形，表示台面下凹，可在嵌合滑軌靠近刀頭處的下方夾進墊片。反過來說，如果是中央出現空隙、兩端密合，表示台面略向上凸，此時將嵌合滑軌離刀頭最遠處的螺栓旋鬆，夾進墊片。

只不過理論上板拼接時，要在中央留設些許空隙，讓兩端密合，所以鉋削後略有空隙是理想狀態，為了能達成這樣的狀態，試著改變墊片的張數。如此一來，就能輕鬆製作拼接的接口。

用鐵皮剪剪開啤酒罐的鋁片，當做墊片。一張可墊高0.1mm。

若是調整狀況不順利，腦袋混亂，就先將墊片全部拿掉，再重新夾入，從頭開始調整。

因為是以墊片的張數來調整，應該不難。我的兩台二手手壓鉋也都是以墊片調整。雖然是舊機械，卻不輸新機械。

作業篇

用手壓鉋鉋削材料的量（鉋削量），不要一次大量鉋削，一次大概0.5mm至1mm左右，逐步鉋削到預定厚度。

在實際打開開關之前，先試著推送材料看看，檢查安全護罩是否運作如常，材料能否推送無礙。材料較大、較重時，事先在工作台噴上潤滑劑就可滑順地推送材料。

旋鬆最靠近刀頭的螺栓，再夾入墊片，就可以讓向下凹的台面高0.1mm。

◆鉋削長的、大的材料

一開始先鉋削一次，依鉋削一次的厚度將送料台往下降，鉋削較寬廣的面、或是看起來是表面的面。如果是反翹、彎曲的材料，基本上要讓材料處於可鉋削到兩端的狀態（山型）再開始鉋削，這樣鉋削時較穩定。

從反面開始鉋削，面就會呈現如船底形狀，因為不平衡，所以鉋削好幾次後，仍可能會搖來搖去。

如果是針葉樹的木材，不太會有嚴重的反翹、彎曲；闊葉樹的人工乾燥材，則經常會嚴重的反翹、彎曲，一邊留意鉋削一次的鉋削量，一邊盡量在穩定狀態下鉋削。

在以下一道工序的單面自動鉋鉋削前，需保留仍可鉋削成所需厚度的板厚度，在此前提下，鉋削到完全除去污損表面的程度。

此外，觀察木紋後，掌握大致的逆紋方向，以不會出現逆紋的方向來鉋削。但如果中間為山形紋、或山形紋相對的木紋，則無論如何都會遇到逆紋，此時要考慮逆紋的面積、深度等，在接下來使用單面自動鉋加工時，事先在材料較難出現逆紋的插入方向畫記號。如此一來，以單面自動鉋作業

打開開關之前，試著推送材料或是用手按壓等，檢查是否能安全地推送材料到最後。

時，就能一眼得知插入的方向，不用再麻煩檢查一次。

後面會提及因機種（移動式等）不同，單面自動鉋可能更容易逆紋，到時才判斷是否為逆紋再來作業，或要增加鉋削次數，或鉋削到預定的尺寸時，都已無法去除逆紋，所以在以手壓鉋作業時，最好事先掌握逆紋的方向。

鉋削厚重的材料或滑動不順時，可事先在工作台上噴上潤滑劑。

長度較長的材料會因本身重量變成如蹺蹺板般，在材料通過鉋刀後，自然而然往上翹。

鉋削彎曲、反翹的材料時，將材料放置成山型，從兩端碰觸工作台的部分開始鉋削。

如果讓兩端翹起，如船底形狀的面朝下，就無法在穩定狀態下鉋削，要鉋削成平面會較費工。

推送材料的方式，要跟演練時相同。長型材料要以兩手緊抓，隨著推送材料移動腳步。

◆鉋削薄的材料、短的材料

如果是彎曲、反翹的薄板，由上往下按壓時，不壓在翹起的部分，而是壓在碰觸到台面的部分，且從這個部分開始鉋削。

如果壓著翹起的部分來鉋削，當手一離開原本壓著的地方，就會回復原本反翹的狀態。鉋削掉原本不需要鉋削的部分，可能會無法鉋削成一定的厚度。

鉋削短的、薄的、寬度窄的材料時，一定要使用推板，依據狀況分別使用適合的大小的推板。

無法鉋削太過短的材料。因為手壓鉋的特性，是只能鉋除等同於導板的高低差的厚度，在進到出料台上之前，在進料台上呈翹翹板狀鉋削，會形成非常危險的狀態。

切割短板材時，先將長板材削切完後再依所需長度切割，與其他工序相反，在此是先削切再切割。覺得危險時不要勉強進行，而是思考其他方式。

材料已全部推送至出料台後，先把材料往上提，拉回到自己跟前再放下，接著鉋削。

如果讓材料在台面上往後拉回，可能會因為出料台的高度而造成強烈反彈，非常危險。

材料通過鉋刀時，為了不讓手指靠近鉋刀附近，推送材料時要邊改變按壓的位置。

不知道該怎麼用手按壓、手要怎麼移動時，一定要在打開開關前，先演練一次。

使用時的調整

即便正在使用，當發現

從哪邊開始鉋削都會出現逆紋時，請仔細觀察木紋，在較難逆紋的方向畫記號。

此為鉋削太短的材料的危險範例。是在未打開電源下拍攝。

鉋削短的、薄的材料時，一定要使用推板。

以兩手緊壓材料，隨時注意刀片的位置。

材料在鉋削後後端出現高低差時，就要先關掉開關再抬高出料台。

有時則反而要降低出料台，比較材料在前、後兩端的鉋削量後，發現前端逐漸無法鉋削時就要降低出料台。

鉋削量較多或較少的時候，要升或降進料台。

為了去除逆紋而鉋削過頭，最終就無法鉋成正確的尺寸，要更謹慎地加工。

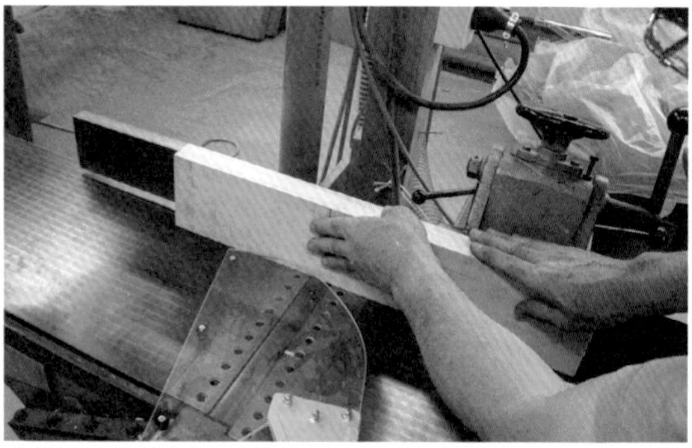
此為不好的範例。即使能看見刀片，以防萬一還是要注意不讓手通過刀片上方。

特別是較多逆紋的材料、圓形木紋、波狀木紋等，較難使用移動式的單面自動鉋克服逆紋。在以手壓鉋鉋削時，使用鋒利的刀片先少量鉋削，就可減少因逆紋造成的缺損、飛濺。

此外，以手壓鉋鉋削做為表面的面時，若先好好克服逆紋，最後以平鉋鉋削時，鉋削量就可較少，不僅減少所需的時間也減輕疲勞。

容易逆紋的板材，在使用自動鉋鉋削前，先以手壓鉋克服逆紋。

鉋削完做為基準的平面（第一基準面）後，將該面靠著垂直導板，鉋削木材端面（第二基準面）。若台面與導板為垂直，第一基準面接續第二基準面的邊角，就應該會被鉋成直角。

鉋削木材端面時，是讓先鉋成平面的第一基準面靠著垂直導板，並把木材端面壓在台面上鉋削。按壓材料的方式，與只是壓在台面上鉋削不同。

鉋削第二基準面時，讓第一基準面靠著垂直導板，同時也對台面施加壓力。

此時，請一定要在打開開關前先演練一次，事先掌握會有什麼危險就容易應對。

如果是平鉋，每當變鈍時，拆下鉋刀重新研磨即可。手壓鉋的鉋刀則要委託廠商研磨，當然希望盡量延長其使用壽命。

以我來說，通常會從外側的鉋刀開始使用，當鉋刀變鈍或是出現大的缺損時，再往內

鉋削角材時，使用外側的刀片，刀片變鈍後就慢慢往內移動。如此一來，刀片使用期可以更久。

靠近垂直導板最內側的刀片，考量要在拼接時使用，讓它保持鋒利的狀態。

側移動使用。

還有，外側的鉋刀用來在一開始鉋削污損的面；中間的鉋刀則鉋削已經鉋削過的面。通常不使用靠近導板50mm處的鉋刀，是為了能在拼接時使用，使其保持鋒利的狀態。

如果是較寬大的板材，理所當然要用到整個鉋刀。如此依目的分別使用，將較能延長刀片的壽命。

如何鉋削彎曲的木材

木材經常會在乾燥的過程中反翹、彎曲。將反翹的板材放成山型，從兩端開始鉋削，就可穩定地鉋削，彎曲的板材則不一定能夠鉋削兩端。

彎曲的板材在鉋削時，要先觀察彎曲的情形，在彎曲部分畫上記號。先從畫有記號的部分開始鉋削，盡量等到可鉋削整個面後才開始鉋平。

1 掃視整個材料，觀察彎曲的情形。為了不做白工就可鉋平，要找出最先鉋削的部分。

2 為了方便辨識，在彎曲嚴重的部分畫上記號。

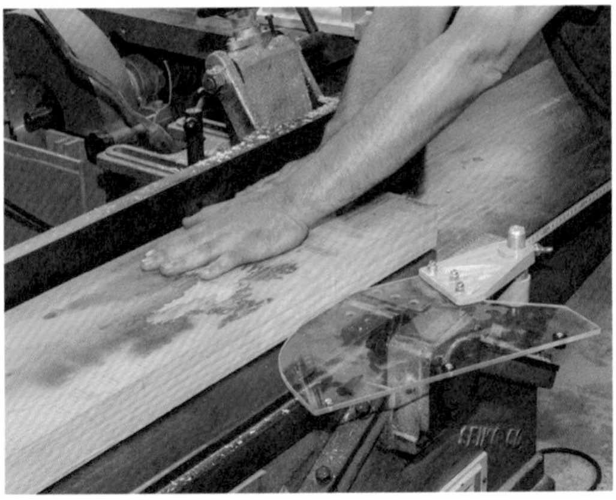
3 將畫有記號的部分朝下，注意不要鉋整個面，只鉋削畫記號部分。

4 確定彎曲的部分已被削去，就以一般製作基準面的鉋削方式，將其鉋削至平整。

單面自動鉋

將材料以手壓鉋鉋成的基準面，放在單面自動鉋的台面上往內送，就會自動送料，並鉋成相同的厚度。是專門用來將材料鉋成等厚的機械，也是製作木工榫接器物、家具時的必備品。

單面自動鉋可以做什麼

從基準面鉋成一定的厚度

製材過後的木材經切割後，要將其製作成具平面與直角的材料時，會先以手壓鉋鉋出做為第一基準面的平面，再鉋出以直角接續該平面的第二基準面。

單面自動鉋的功能，是將一開始做好的第一基準面及與其相對的面，鉋成相同的厚度。如果是進料滾輪分割成好幾小段的機種，也可在台面寬度的範圍內一次讓複數材料進料，將它們鉋成相同的厚度。

同於手壓鉋，裝有鉋刀片的刀頭會高速轉動來切削。送料方式則跟手壓鉋不同，非手動而是自動送料。

專業的單面自動鉋是非常重的機械，重量很容易就超過五百公斤。

單面自動鉋一經設置就難以移動，所以在打造工坊的初期階段，事先就應該考慮進出料的空間，決定裝設的位置。

此外，因為會排出大量的鉋花，所以重要的是要設法將其設置在集塵機附近，使用粗管維持強大的集塵力，讓鉋花不容易塞住。

機械結構相當複雜，包括裝有鉋刀的刀頭（鉋刀頭）、驅動滾輪、升降裝置等，所以定價也比平台圓鋸機、手壓鉋來得高。

性能需求

標準的單面自動鉋，其有效刀片尺寸為**400mm**至**450mm**。手壓鉋的標準寬度為**300mm**，只要刀片寬度超過這個數字，就不會在使用上造成困擾。

具備高階功能的機種，可調整送料速度、自動升降工作台，以顯示器顯示鉋削的厚度。還有設於工作台內的滾輪，也是驅動滾輪的高階機種。

將材料送進單面自動鉋之後，機械就會自動進料。手不需要直接靠近鉋刀的附近，然而萬一被捲入就會受重傷。

在送材料時要非常小心，如果一感到危險時請馬上關閉電源。

如果是安全裝置經過改進的新機種，則採用了緊急停止按鈕、容易關閉的開關等。

我在一九九三年開設家具工坊時，朋友轉讓了一台老舊的單面自動鉋給我，機械狀況不好，雖然將就著用了一陣子，不久後就無法使用了。

後來因為急著要加工，跟附近的木工師傅借了移動式的單面自動鉋，發現刀痕不明顯，出乎意料地容易使用，加上價格不高，所以我自己也購買了一台。

從耐久性的觀點來看，或許比不上大型的單面自動鉋，因為是日本的廠商製造，所以零件供應的速度很快，就算故

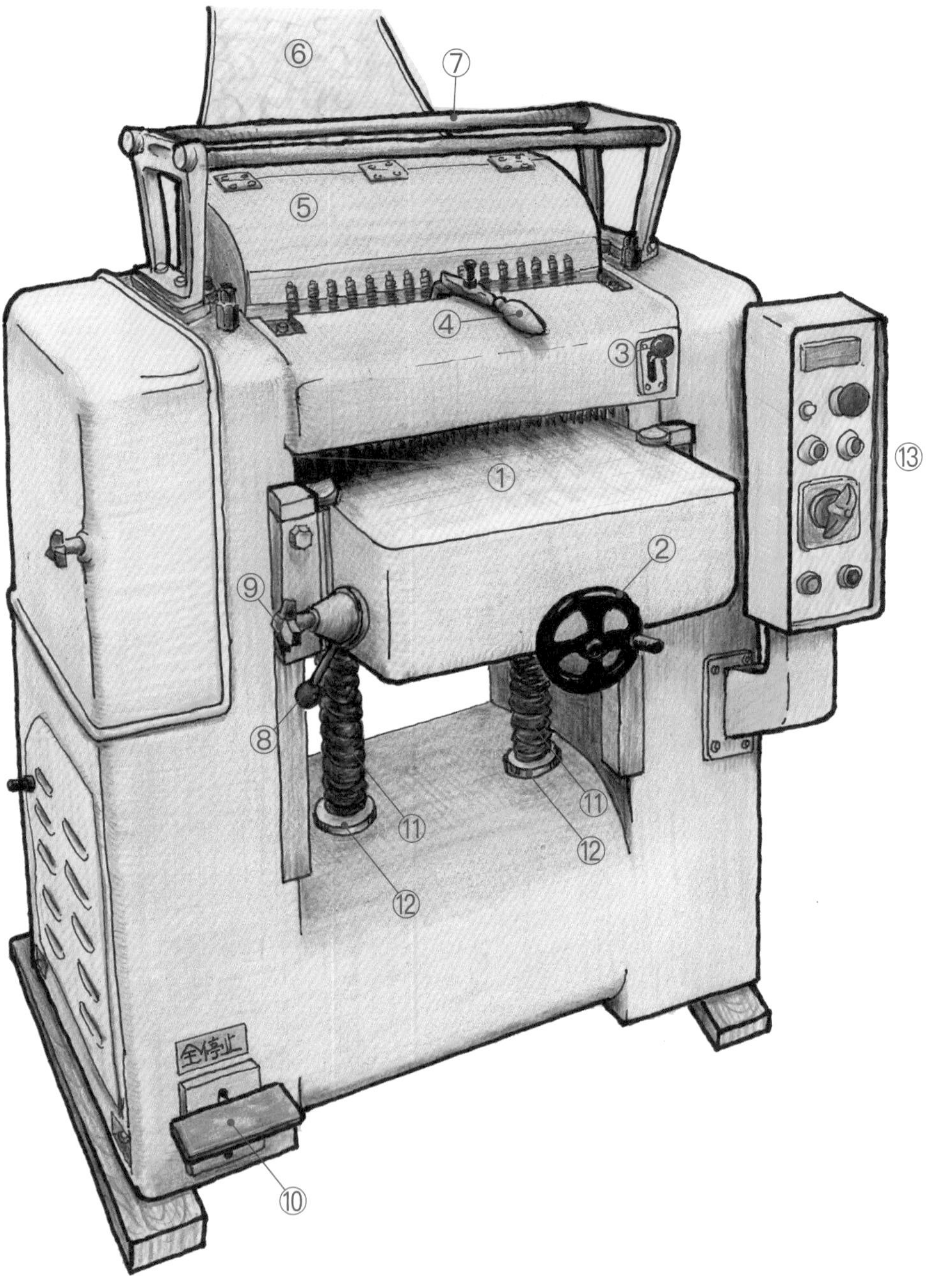

①工作台
②工作台升降手輪
③防彈爪升降手柄
④斷屑器開放手柄
⑤刀頭蓋（木屑排出口）
⑥集塵罩
⑦進給滾輪
⑧下方滾輪下壓桿
⑨下方滾輪高度固定手輪
⑩緊急停止踏板
⑪工作台升降軸
⑫微調用基底螺栓
⑬操作板（啟動開關／變速開關／停止鈕）

障也可以馬上幫忙修理。

現在，不只國外進口的產品增加，移動式機種的選擇也變多了。

手壓鉋與單面自動鉋都有移動式的機種。切削寬度手壓鉋約為150mm，單面自動鉋約為300mm，相較於大型機械，加工的性能較差，但在可加工範圍內也已足夠用來製作大型家具。

各部位名稱

接下來介紹單面自動鉋的各部位名稱。有時因廠商、機種的不同，會有相異的名稱，配合調整、檢查所需，在此介紹較常見的名稱。

使用前的檢查

在啟動前，務必檢查以下事項：

- 工作台、各個滾輪上是否沾附碎屑、鉋花等
- 是否放著工具等不需要的東西
- 檢查材料排出的那一側是否有足夠的空間
- 檢查馬達轉動的聲音
- 檢查加工材料是不是比進、出料滾輪來得長
- 檢查集塵管、管線開關的開闔

工作台面隨時保持整潔，並塗布矽利康潤滑劑，好讓材料滑動順暢。若在滾輪、台面上沾附鉋花的情況下送料，材料上會因此出現壓痕。

在打開電源開關之前，檢查台面之上、腳邊等是否有多餘的物品，隨時保持可安全作業的環境。

單面自動鉋是重量相當重的機械，加上是自動送料，所以在材料排出的那一側應該要留設足夠的空間。

工坊中有許多的機械，用其他機械加工時，噴出來的木片有時會卡在這個工作台上。

需要在排出材料的那一側留設足夠的空間。至少要有進料那一側同樣大小的空間。

在排出的那一側設置支撐架，承接鉋削過後的材料。支撐架的高度要與工作台等高。

如果材料在排出的途中碰撞到障礙物，可能會導致材料、建築物的損壞。又或是有人站在中間，可能會有受重傷的危險。

鉋削長型材料、厚重材料時，在排出那一側設置支撐架。材料的厚度改變，台面高度也會隨之改變，所以每次都要調整支撐架的高度與工作台同高。

如果是像牧田的2012型，因為是工作台高度無法變動的機械，也就不需要調整支撐架的高度。

再者，連續鉋削複數的材料時，要盡快將排出的材料取出。

與其他的機械相同，檢查打開開關後的一小段時間運作是否正常、馬達聲音是否異常。發現異常就要馬上關掉電源，找尋原因。找不出原因也不要放棄，請諮詢廠商、店家。

無法鉋削比進料與出料滾輪更短的材料（照片中是為了清楚呈現，將工作台往下降）。事先降下防止反彈的防彈爪。

即使關掉開關，也不要任意將手伸進去（照片是在拔掉插頭的狀態下拍攝）。

材料停在中間不動時，關掉開關，等到轉動的刀頭完全靜止再降下工作台，用長桿來推。

事先關閉連接其他機械的集塵管。

因為機械結構複雜，覺得有其他部分需要調整時，不要一開始就想著要自己解決，建議先諮詢專業的店家、廠商。

單面自動鉋的工作台，其上、下方是進料滾輪與出料滾輪，是利用這兩個滾輪來自動送料，材料若比前後滾輪的間距還短，鉋削到一半便會停止。

因此，鉋削的材料一定要比滾輪的間距更長。

雖然機種不同會有所差距，不要送短於250至300mm的材料會比較安全。

如果材料在鉋削到一半時就不動了，請關掉開關，等鉋刀頭不再轉動完全靜止再降下工作台，用長桿取出加工材料。

在木工機械中，單面自動鉋是會排出最多碎屑的機械。有些集塵設備可能會被鉋花阻塞，事先關上其他機械的集塵管線為佳。

各部位檢查調整

定期保養約莫在更換刀片的時期進行。更換刀片的方式與手壓鉋相同，至少要有二、三組刀片較為理想。

有關什麼時候該更換刀片並沒有明確的規則，大約是等到刀片有缺損、鉋削過後的材料上出現明顯痕跡時。

更換刀片的方法，可以使用刃高調整用定位規，讓刀尖抵著定位規，再擰緊螺栓。也有類型是讓刀尖抵著鉋刀頭的兩端，再鎖上螺栓。

單面自動鉋的滾輪雖然隨時在轉動，但並不需要頻繁地注入機油。如果是針對鏈條、齒輪等部分，只要在更換刀片時順便上油就已足夠。

嵌合滑軌的部分，也要視情況上油。

上油的時候，打開蓋子邊轉動邊上油。我也曾聽過一些悲慘的故事，例如沒看到鉋刀頭在轉動，就把手心放上去。務必要在關掉開關的狀態下上油。

更換刀片時，為了能發現四周的異常之處，要事先以空氣噴槍清除碎屑，也讓容易卡著碎屑的送料部分能運作順暢。

在油杯中加滿機油。

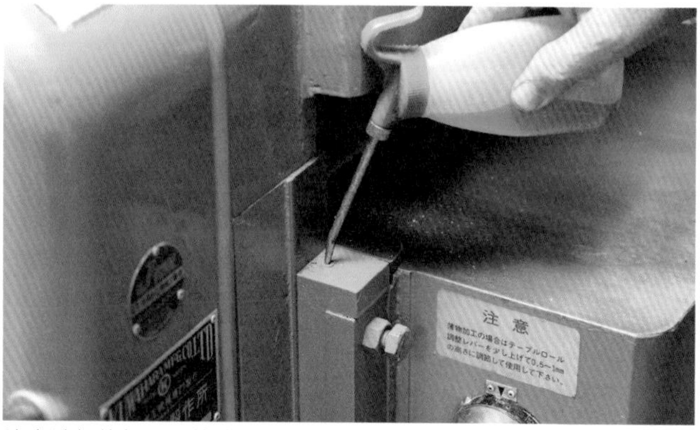

沒有油杯的部分，將機油注入縫隙。

◆減少端部高低差的調整

材料在送進單面自動鉋時的前端部分與排出時的後端部分，被鉋削得較深的問題，在日文中稱為「鼻落」。

手壓鉋也會發生這個問題，但因為自動鉋的結構複雜，好像不少人都受這個問題困擾。

要解決這個問題，首先要測量長度，從材料的邊緣起算，高低差結束在幾公分、幾公釐的位置。

原因可能出在從鉋刀頭的刀尖到該段長度的位置。調整滾輪、送料部分、工作台內的滾輪高度等，檢視各部位來判斷、調整。因為也受該機種的特性影響，有可能無法完全解決。

因為還有著機械結構上的差異，沒有辦法提供一定可以解決問題的調整方式。無論如何都解決不了時，諮詢經驗豐富的木工機械合作店家會比較有幫助。

又如果問題是出在工作台的鬆動，形成高低差的那一刻，工作台可能會上下晃動。移動式的機種，其上方的機械部分鬆動就會出現這樣的現象。此時，可在一開始切割木材時，就多預留高低差部分的長度，之後再將那部分切掉，這樣較不容易出錯。

1 拔掉插頭，打開鉋刀頭的蓋子。

2 這個機種是只要打開蓋子就無法啟動。

3 壓著鎖軸手柄，固定鉋刀頭。

4 用空氣噴槍等清理鉋刀頭的周邊、或內六角孔螺絲孔中的碎屑。

5 旋鬆螺絲或是螺栓。一定要使用規格相符的工具，如果是六角螺栓，注意不要讓頭部崩牙，旋轉時要插到最底。

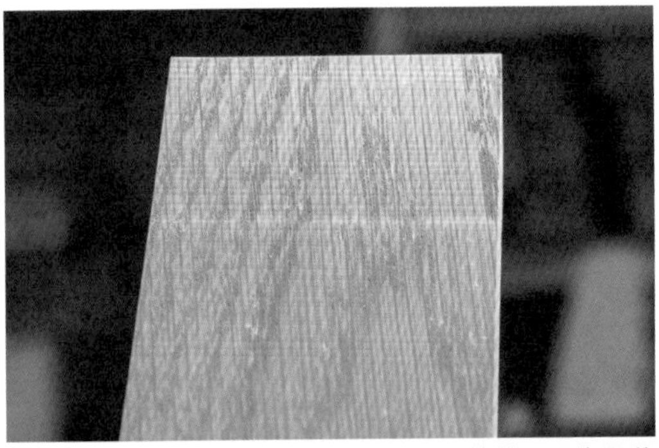
在送料時木材端部鉋削程度較深以至於較薄。因為是移動式機種，結構被簡化容易發生這種情況。

量測橫斷面到此高低差的底邊長度，尋找原因。

如何更換自動鉋的刀片

不同機種的安裝方式可能迥異，但重要的部分相同，請在個別機械更換刀片時參考。這裡介紹的機種，設計成只要打開上蓋就無法啟動。因為機種不同設計也有所差異，更換時請遵照個別機械的說明書。

6

拿出刀片時請小心不要切到手指。

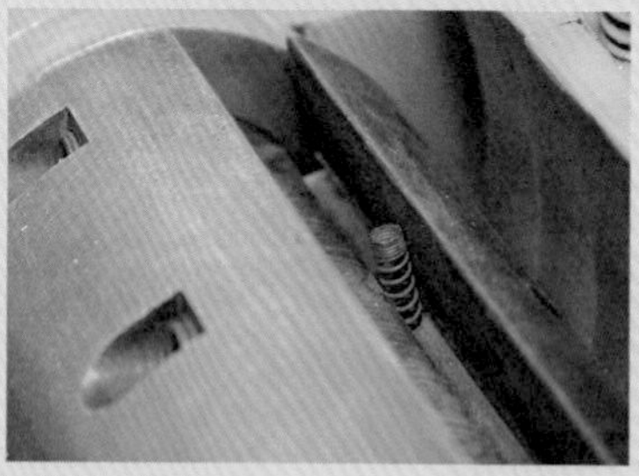

7

鉋刀頭內設有彈簧。利用彈力來對齊刀片的高度。

8

放入新的刀片後，以手壓著被彈簧頂著的刀片，暫時鎖上兩端的六角螺栓。

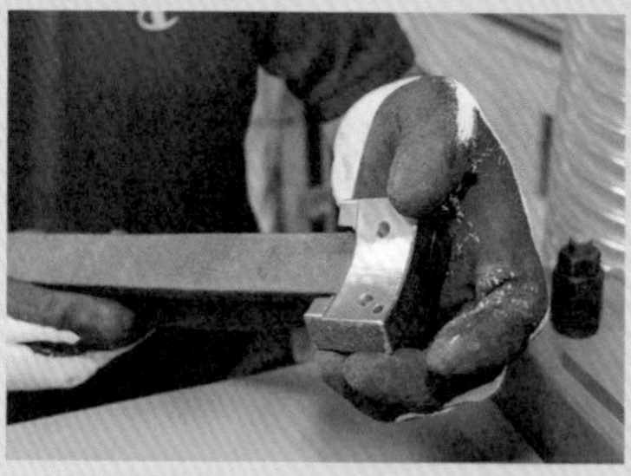

9

此為附屬的刃高調整用定位規。為了不損傷刀片，接觸刀片的部分是以黃銅製成。沒有定位規就很難調整刀刃高度。

10

將刃高調整用定位規壓在鉋刀頭上，旋鬆最邊緣的螺栓，刀尖就會被彈簧頂向定位規，以此狀態擰緊螺栓。

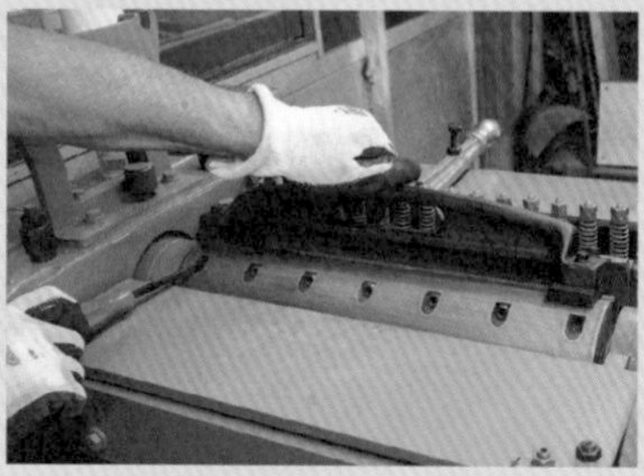

11

也旋鬆另一端的螺栓，與10同樣的步驟鎖上螺栓，再將所有螺栓鎖上。

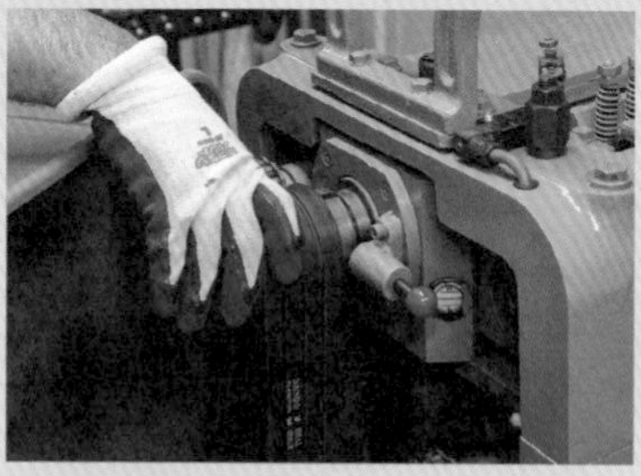

12

打開鎖軸，讓下一支刀片向上，再度鎖上後以相同步驟更換刀片。

13

全部的刀片都更換完畢後，用手轉動鉋刀頭，用目視檢查刀片高度是否有對齊。

14

所有刀片都更換完畢，關上上蓋。

15

打開電源，檢查是否有異常的聲音。

左邊的照片是「斷屑器」。裡面裝有彈簧，為了在鉋削之前壓著反翹、彎曲的材料，而分成好幾段。在內側可以看見有7個並排的孔洞，是用來鎖上鉋刀頭的刀片的螺絲。更往內是「壓桿（右邊的照片）」。這是用來壓著鉋削過後的材料，所以不用分段。兩者下壓的力量若是太小，材料就會往上翹，會因此過度鉋削。

在下方的台面，請檢查進料滾輪與出料滾輪的高度。
滾輪太高就容易將端部鉋削得較深。當鉋削彎曲、反翹等材料時，一開始將滾輪升高，最後讓滾輪齊平即可。

◆鉋削後的厚度左、右不相同時

機械一買來就已經完成基本調整的狀態，如果在嘗試鉋削後出現左、右厚度不相同的情形，首先要懷疑問題出在鉋刀頭，其上安裝的刀片是否有裝歪。此時請關閉電源、打開上蓋，以手轉動鉋刀頭，用目視檢查高度。如果是歪的，請參考第82頁的「更換刀片」，重新安裝。

倘若安裝在鉋刀頭上的刀片為平行，有可能歪掉的是工作台。工作台下方是刻有螺紋的升降軸，其下套著微調用基底螺栓，轉動螺栓可用來微調，一點一點調整高度，邊重複試鉋直到厚度相同。

在牧田2012型的機體下方，有讓左、右升降軸同步動作、附有齒輪的軸，將其拆下就無法同步動作，只有升降手輪那一側的升降軸會升或降，厚度要配合不會動的那一側來

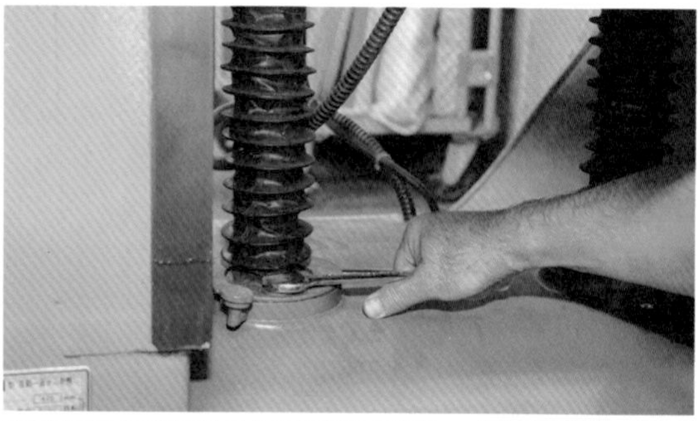

旋鬆工作台升降軸的微調用基底螺栓，靠著轉動來調整高度，再擰緊螺栓。

鉋削過後的材料，如果左、右兩邊的厚度有所差異，首先要檢查安裝在鉋刀頭上的所有刀片是否歪掉了。

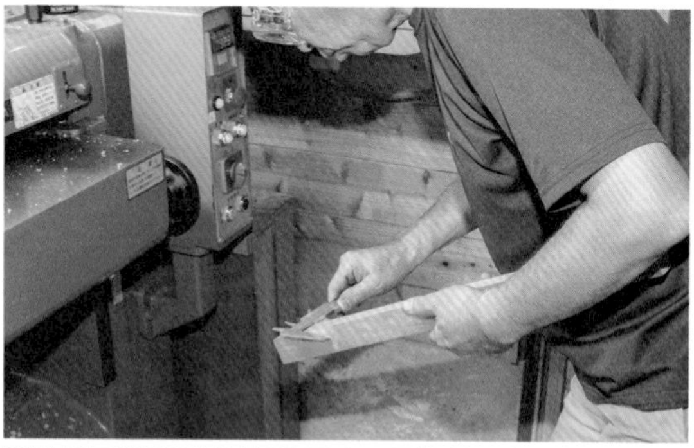

用游標尺測量鉋削材料的厚度，用鉋削一次可鉋的厚度來升降工作台。

加工長型材料的粗加工，若是材料停止，將材料的前端置於工作台上，兩手抬起另一端往前推送。

確定材料會自動推送後，繞到另一側。針對大型材料，要事先準備支撐架。

調整。

作業篇

使用方法與操作時的注意事項

單面自動鉋是將材料正確地鉋削成厚度均等的機械。

在開始作業前，務必關上機械的上蓋。

要從橫斷面插入材料，讓木紋為縱向。測量鉋削前的材料厚度，以鉋削一次可鉋的厚度來升降工作台。不一次大量鉋削，逐步升高工作台，直到預定的厚度為止，如此反覆進行鉋削作業。

如果已經接近預定的厚度，就隨時以游標尺測量厚度，謹慎地調整工作台的高度，以免過度鉋削。

鉋削長型材料時，鉋削面朝上，將前端置於工作台上，另外一端用兩手拿著，略微往上抬後，往前推送。

等到材料可自動送入後就放掉兩手，繞到出料那一側，取出已經鉋削的材料。在取出時也略微抬起，就可減少端部過度鉋削的狀況。

此外，單面自動鉋也可能發生反彈。特別是在移動式的機種，一次放入複數的材料就可能造成反彈。將材料推送進去後，請注意不要從送料這邊窺探工作台內部。

如果是寬度較寬的材料或硬材，要降低進料速度、或減少一次鉋削的量，都可以減輕機械的負載。若是硬材、寬度較寬的材料，鉋削一次的厚度建議約為0.5mm。軟材、角材則建議為1至2mm。

若是逆紋的木材，要觀察因手壓鉋出現的逆紋來判斷插入的方向。使用的刀片要鋒利，選擇較慢的送料速度，慢慢地鉋削。

取出時也用兩手，拿著前端稍微往上抬之後取出，就能減輕端部過度鉋削的情況。

即便如此，如圓形木紋、波狀木紋等有著彎曲木紋的材料，會發生逆紋嚴重撕裂的狀況，所以最後一道鉋削工序，要使用較不會逆紋撕裂、刀尖露出較少的手壓鉋，以極緩慢的速度鉋削一次。

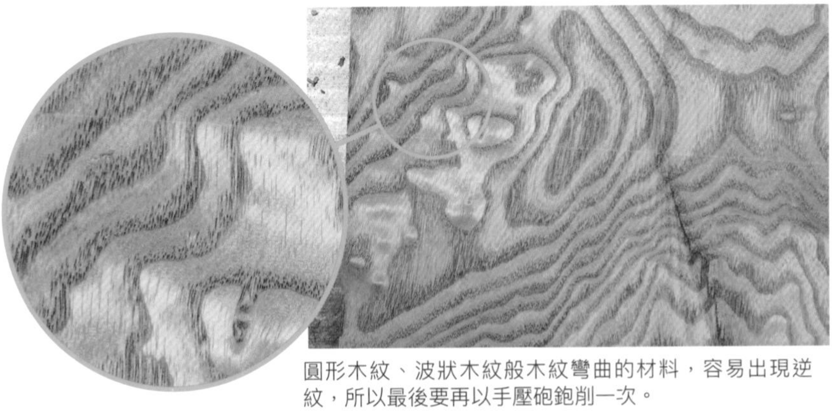
圓形木紋、波狀木紋般木紋彎曲的材料，容易出現逆紋，所以最後要再以手壓砲鉋削一次。

考慮這道工序所需的厚度，先以單面自動鉋鉋削，還能解決端部出現高低差的問題。

移動式的機械中，就算想將木紋彎曲的薄板插入自動鉋中鉋削，薄板也會因此粉碎，加工材料不會從出料口排出。應該要想其他方法來加工。

如果作業到一半加工材料就不動了，或是材料太短無法從機械排出時，請關掉開關，等鉋刀頭完全停止轉動後，再降下工作台取出材料。

並非一定不會發生反彈，所以請勿往內窺視。

鉋削寬度狹小的材料的厚度時，材料寬達約3cm就不會倒下。寬度比3cm更窄、愈厚（高）就愈容易倒下。

若是這種情形，可改變平台圓鋸機的定寬或製作安全的治具，使其處於不容易倒的狀態。

將一次的鉋削厚度設定在0.5mm以內，最後要再以手壓鉋鉋削時，需要加上這部分的厚度。

加工材料為直紋時，在鉋削後較不會出問題。山形紋、尤其是寬度較寬的材料，如果要鉋削到預定的厚度，需要大量鉋削的話，以手壓鉋鉋削的面會急驟乾燥，可能會因此反翹。

特別是闊葉樹的人工乾燥材會因此嚴重反翹，與帶鋸機鋸切山形紋材料時會出現的現象相同。

鉋削這類材料時，從兩面鉋削到預定厚度的八成左右，擱置約二星期後，等木材裡的水分蒸發，才重新以手壓鉋鉋削，以單面自動鉋鉋削到預定的厚度，如此一來就能減少板材在之後歪扭、反翹的狀況。

要延長鉋刀壽命的另一個方法，是依目的分別使用，即使用左側初步鉋削，最後階段用右側。作業結束後關掉開關，檢查加工材的鉋削狀態。

等鉋刀頭完全靜止，清潔周邊並降下工作台。

只能用單面自動鉋來鉋削時，以治具來防止材料倒下。

鉋削寬度狹小的材料時無法平穩，所以要思考其他的方法。

能了延長刀片的使用壽命，請掌握鉋削時的刀片位置，事先設定初步加工時用左側來鉋削。

左方照片中，初步加工過後的材料，在最後階段時用右側鉋削。最後鉋削時無論用左或右都可以，請養成注意是用哪一部分刀片的習慣。

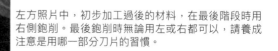

用於鑽孔的機械
種類與用途

專門用於鑽孔的機械

用於木工的鑽孔機械，有角鑿機和鑽孔機。

角鑿機是用來鑽取榫頭等的通孔、暗孔等，鑽孔機是使用來鑽取圓孔。想要有效率且正確地鑽孔時，無論角鑿機或鑽孔機都不可或缺。

兩種機械都有桌上型的機種，也有直接設置在地板上的專業機種。

因為是以下壓桿操作安裝在機台上的角鑿、鑽頭來鑽孔，所以軸不會偏移，可以垂直方向鑽出正確的孔。

要以垂直方向鑽出正確的孔，手提式電動工具有其限度。特別是一次要鑽好幾個相同的孔時，一定會需要角鑿機、鑽孔機。

將角鑿機當做鑽孔機使用時，使用範圍有限。將固定角鑿的套筒拆下，就可以直接裝上鑽頭，因為周邊有零件不拆下不行。

零件無法拆下時，也能夠裝上市售的鑽夾頭，不過要注意的是，角鑿是直接接在馬達上高速轉動，不像鑽孔機設有皮帶可讓鑽頭減速。直徑較大的鑽頭圓周速度也較大，鑽刀容易燒焦，相當危險因此並不建議。

角鑿機

專門用來鑽取方孔的機械。鑽頭是被稱為角鑿的正方形外方鑿，中心裝有木工鑽錐。

鑽鑿一次的開孔為正方形，在鑽鑿時邊往橫向移動，就可以鑽出長方形的孔。

組合不同規格的角鑿與橫向移動鑽孔的次數，就能夠進行各種大小的榫孔加工。

鑽孔機（鑽床）

不限於木材，只要更換不同鑽頭，就連塑膠、金屬等都可以鑽孔。

角鑿機

專門用來在削切過後的加工材料上鑿出方形榫孔的機械。被稱為角鑿的正方形鑿刀中心裝有木工鑽錐，在角鑿機裝上此專用的鑽頭，就能進行正確的榫孔加工。

角鑿機可以做什麼

是加工出正確的榫孔的主角

為鑽取方形榫孔的機械，用來鑽正方形孔洞的角鑿，在木工作業時會使用3.6mm到15mm的規格。

鑽取一次，只會鑽出正方形的孔，邊往橫向移動邊鑽鑿的話，就可以鑽出長方形的孔。

木工作品中，材料之間的組合，經常使用榫頭與榫孔來接合。榫頭的削切主要是使用平台圓鋸機，鑽取榫孔的機械則全盤交給角鑿機。除此之外，將部分材料削切掉的粗加工也會使用角鑿機。

也是門的鑲板結構、椅腳、桌腳等講求精準的加工時會使用的機械，所以要盡量選擇可靠的機械，可減少角鑿隨木紋方向滑掉，在組裝時接合處不平整的錯誤。

因為是占用地板面積較少的長型機械，不需要太大的設置空間。只不過，在長型邊框材料上方鑽孔時，因為要左右移動材料，橫向面需要有足夠的空間。

如果無法留設足夠的空間，也可以把角鑿機放在有附輪子的台座上，改造為移動式，只是穩定度不高。

如此設置時，請放在較大的台座上，移動時也要十分小心。

因為機械本身沒有集塵功能，所以粗木屑會散落、粉塵飛散。

性能需求

普通的家具工坊中所使用的角鑿機，是將材料固定在工作台上，以手輪操作，讓工作台前後、左右、上下移動的機種。

使用虎鉗從正面固定材料，將劃線器上過墨線的基準面壓向擋板，這樣鑽孔就可以

如果要將角鑿機設置在有附輪子的台座上，需牢牢固定在有一定厚度與堅固的板材上。

要拔出角鑿時，為避免材料跟著往上移動，將材料左右固定，可調整高度。

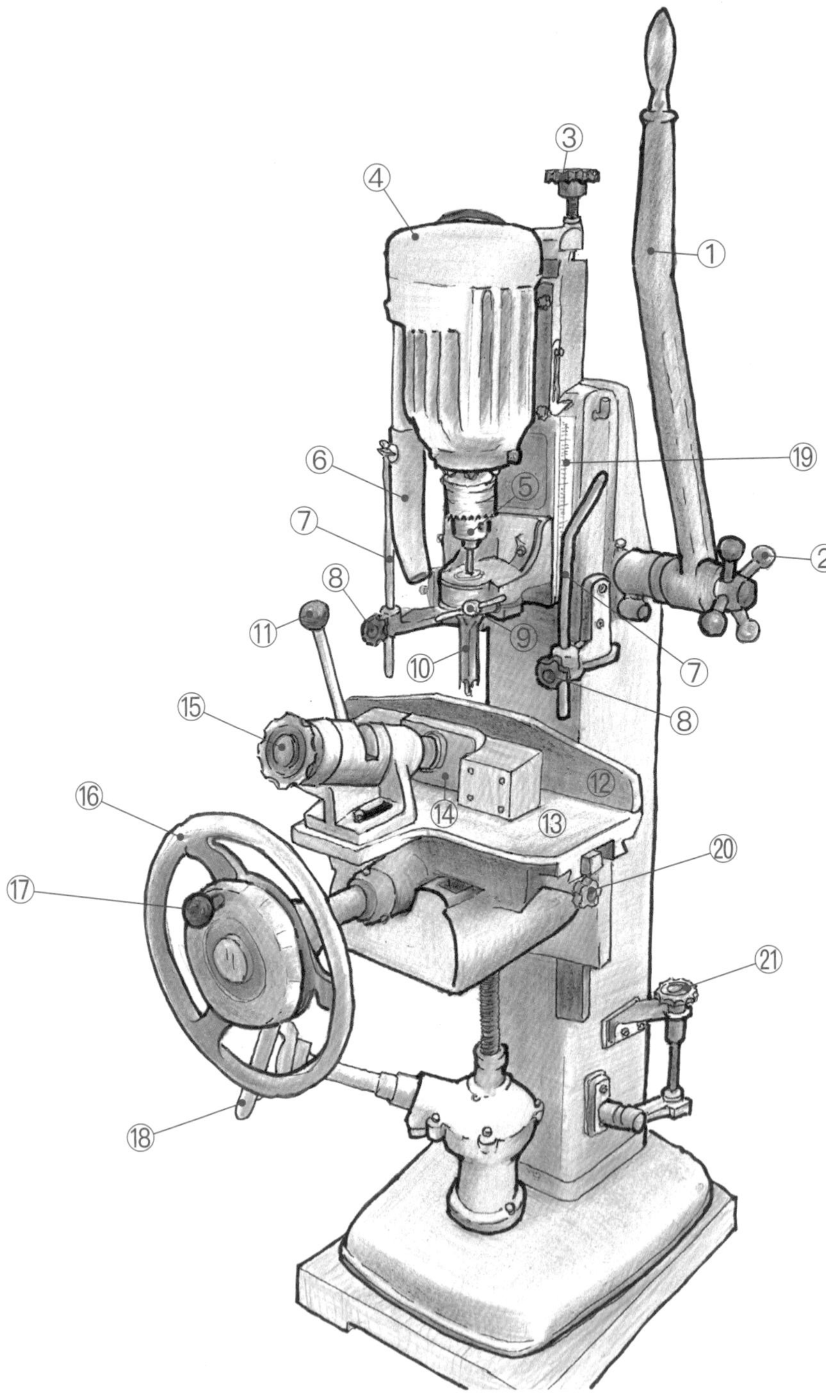

①下壓桿
②下壓桿角度調整旋鈕
③鑽孔深度止擋塊旋鈕
④馬達
⑤夾頭
⑥吹風機
⑦材料固定架
⑧材料固定架螺帽
⑨角鑿固定螺帽
⑩角鑿
⑪快速桿
⑫垂直導板
⑬工作台
⑭虎鉗
⑮虎鉗固定手輪
⑯左右移動手輪
⑰前後移動手輪
⑱工作台升降手輪
⑲鑽孔深度刻度尺
⑳前後調整固定螺帽
㉑馬達升降力調整旋鈕

避免誤差。此外，也具有防止材料在拔出角鑿時被一起往上拉的效果，而且大多設有內建快速功能的壓桿。

也有桌上型角鑿機，工作台無法左右移動時，每次鑽孔都要重新固定虎鉗。因為一次會要鑽許多的榫孔，使用工作台可以左右移動的機種比較可以大幅縮短加工所需的時間。

角鑿機設有決定深度的止擋塊，一般的方式是以按下下壓桿的力來鑽榫孔。在堅硬的闊葉樹材上鑽孔、或以較大規格的角鑿鑽孔時，都必須大力按壓下壓桿。

經歷一整天的作業後，隔天常肌肉酸痛、肩膀僵硬。

有些角鑿機的下壓桿為油壓式，好處是較不會疲勞，但不像手動式機械，使用者可以直接感受下壓時受阻的程度，因此有些風險。如角鑿可能會承受不住油壓的強大壓力而裂開、鑽錐會破損。

熟悉機械以後，應該就能掌握施力大小。剛開始時需要考量材料的硬度、角鑿大小，摸索要使用多大的力來按壓下壓桿。

機械長期使用後，油壓部分也必須保養。因為手動式的結構單純，除了角鑿，其他地方不會有破損的風險。

常見的機種裝有吹風機，是利用冷卻馬達的風將木屑吹飛。沒有吹風機的機種，木屑容易累積在周圍，每當替換材料時，務必清理木屑。

這些機種都沒有集塵功能，建議將清掃用的空氣噴槍放在附近。

角鑿機的工作台位置出乎意料的低，有可能眼睛難以對焦，或因個人體格的差異，每個人容易使用的高度都不同，所以有時會製作台座等，將角鑿機放在台座上，以提高工作台的高度。

下壓桿的角度可以調整，請尋找自己容易施力的角度並加以調整。

各部位名稱

角鑿機中可將材料固定、並移動工作台的機種，比較能正確地加工。以下列舉的名稱，是以多功能的專業級機械為準。

各部位的名稱可能因廠商有所不同，本書中統一使用以下所列的名稱。

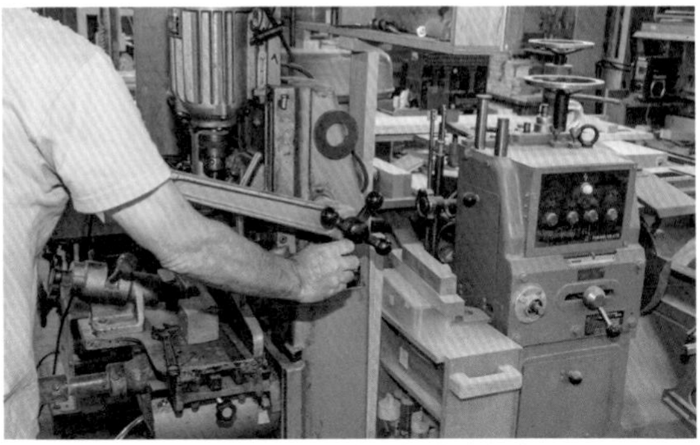

將下壓桿的角度，調整到自己容易施力的角度。

使用前的檢查

列舉如下：

- 檢查是否可以正常操作各個手輪
- 檢查角鑿與榫孔的墨線是否一致、深度是否符合
- 檢查外方鑿與鑽錐是否組裝正確
- 確定在鑽孔時有供材料滑動的空間
- 調整下壓桿

角鑿的工作台可以左右、前後、上下移動，所以要檢查每個手輪、壓桿是否可以正常操作。

角鑿的規格與材料上的墨線的厚度若是一致，在鑽孔時就只要以榫孔的寬度橫向滑動，配合所持有的角鑿寬度決定榫孔寬度，加上有墨線加工就會很輕鬆。

還要先檢查外方鑿與鑽錐是否組裝正確。如果鑽錐會接觸到角鑿內壁，在機械運轉時就可能發熱。打開電源之前以

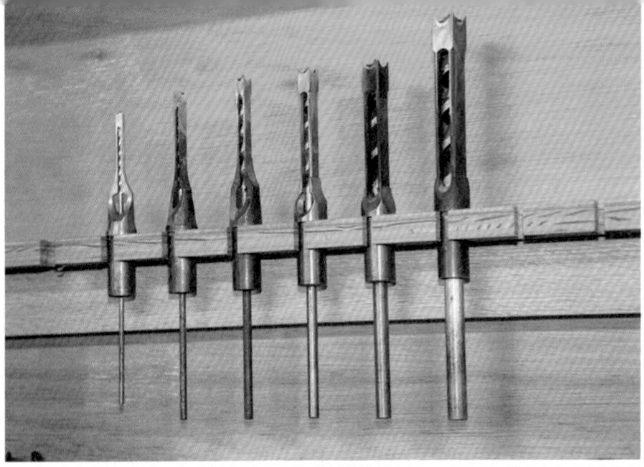

配合角槽的規格來鑽榫孔，作業效率較佳，建議收集各種規格的角鑿。

下壓桿角度調整旋鈕。轉鬆後，可改變箭頭所指的齒輪的位置，調整到喜好的角度。

手轉動夾頭，檢查是否會發出異常的聲音。

若要在長型邊框材料上方鑽取複數的榫孔等情況，檢查材料移動時是否有可能會撞上的障礙物。

下壓桿的可動範圍很廣，調整到整體而言最容易施力的位置。

在較厚的材料上鑽孔，材料固定在工作台上、角鑿被往下壓時，有時在止擋塊發揮作用之前，下壓桿就已經碰到材料。

這種情況，下壓桿的支點部分有下壓桿角度調整旋鈕，將旋鈕鬆開，調整齒輪的位置到適合的角度後再擰緊旋鈕。

此外，使用桌上型角鑿機時，也要檢查是否有用螺栓將其牢牢固定在工作桌上。

各部位檢查調整

角鑿機有著許多可動部分的機械，如升降工作台的手柄、左右移動手輪等。附有油杯的部分，在使用前請先加油。其他部分也請隨時上油。

工作台固定的桌上型機種，在結構上應可將角鑿視為是垂直裝上。

如果是工作台可左右傾斜的機種，將其從傾斜狀態恢復原狀時，以角尺抵著角鑿的兩側，檢查台面是否呈水平。前後的傾斜，不會影響結構。

所有的機械原理應該是共通的，所以加工的接口未出現縫隙等問題，就不需要調整機械。有時還會因為花費了一番工夫調整，反而讓精確度變差。所以只需要在有必要的時候進行調整。

專業的角鑿機上，一般來說會在三個地方裝上嵌合滑軌，可往縱、橫、深的三個方向移動。

角鑿機的可動部分多，有好幾處設有油杯，請視情況加油。

嵌合滑軌處也請上油。

工作台可傾斜的機種，以角尺抵著角鑿與工作台，檢查工作台是否為水平狀態。

調整嵌合滑軌移動的固定螺帽與螺栓。先將固定螺帽旋鬆再調整螺栓，使其可移動順暢。

要讓機械可以垂直鑽取榫孔，重要的是將這些嵌合滑軌調整到不會鬆動、運作順暢的狀態。

嵌合滑軌上有調整螺栓，先將外側的固定螺帽旋鬆再擰緊，嵌合滑軌就不會移動。所以稍微旋鬆調整螺栓，調整到不會難以移動且順暢的位置，再鎖緊固定螺帽。

嵌合滑軌若是有空隙，即便角鑿是直線往下，工作台也會因空隙導致容易移動，可能會因年輪的方向、材料堅硬等而無法垂直鑽孔。

◆角鑿的安裝方法

安裝角鑿的方法有好幾種，拿著角鑿的部分可能導致內側的鑽錐掉落，因此事先在角鑿下的台面放廢木板，即使鑽錐不小心掉落，鑽尖也不會損傷。

確定已經拔掉電源插頭、關閉手邊的開關，在角鑿中裝有鑽錐的狀態，拿著鑽錐的鑽桿將外方鑿固定。此時，不要將外方鑿插到最頂的位置，而是暫時固定在往下約1mm處。

接下來是鎖上夾著鑽錐的夾頭，固定鑽錐。最後，旋鬆固定角鑿的螺絲，往上抬到無法再往上，中間就會形成1mm的空隙。

刃帶的底部凸出1mm的位置，是角鑿廠商建議的理想位置。只不過就算新品是如此，鑽錐若是磨損，與外方鑿的間隙就不一定會保持同樣寬度。重要的是不讓其中的鑽錐失控，可減少鑽錐的伸出部分，或研磨角鑿內側來維持一定的寬度，取得平衡。

只不過如果鑽錐伸出的部分較多，可能在角鑿尖端碰到材料之前鑽錐就會失控，讓鑽孔的位置跑掉。以我來說，是調整成更窄一點，凸出略少於1mm。這麼一來鑽錐就不太會失控，就算是堅硬的木材垂直鑽孔也變得容易，可以鑽出漂亮的榫孔。

不過這麼做也有風險，木屑會較難排除，或是外方鑿燒焦、較細的鑽錐會折斷等。為排除木屑，要更常讓角鑿上下移動。無論如何，因為這並非廠商建議的使用方式，請自行斟酌。

角鑿與鑽錐的凸出程度，雖然是在已確定的狀態下固定，角鑿的側面與垂直導板卻還不是平行。要鑽取榫孔，一定要準確。

調整方式是以虎鉗固定材料，按壓下壓桿將角鑿降到刀尖碰觸材料的位置，修正斜度直到符合墨線。

我的方法是利用鋁管，鋁管可在居家裝修中心買到，請參照後面的說明。

角鑿的安裝方法

安裝角鑿的方法有好幾種。有一種是為了不讓鑽錐掉落先暫時固定，然後將角鑿插到最底處後固定，之後再鬆開暫時固定鑽錐的夾頭，將刃帶調整到只伸出必要的部分再固定鑽錐的方法。

1

拿著鑽錐的鑽桿，將鑽桿插入夾頭中。在此狀態下，檢查是否比角鑿停住的位置往下1mm。

2

暫時固定角鑿。此時手還不要離開鑽桿。

3

將鑽錐往上插到最深處，鎖上夾頭。

4

暫時固定角鑿的位置。可以看見一點點縫隙。

5

旋鬆暫時固定住角鑿的螺絲，往上插入到最深處，這次要確實擰緊固定。

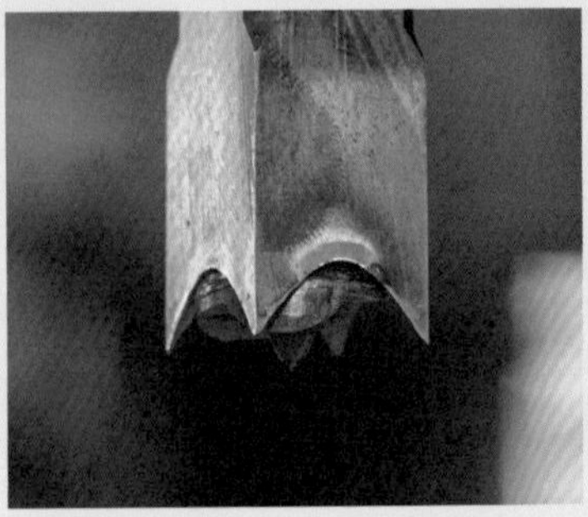

6

因為角鑿往上的關係，鑽錐會往下，往下的程度為暫時固定時的間隙寬度。這種安裝方法，相較於鑽錐凸出的部分，會優先考慮鑽錐與角鑿間的間隙。

角鑿與鑽錐的凸出部分

角鑿在外方鑿內側是以轉動鑽錐來鑽孔。因此，要是鑽錐與角鑿的內側空隙不足，就會有木屑很難排除、鑽錐會變熱等影響。又如果鑽錐與角鑿間的間隙太大，刃帶會比角鑿的刀尖更早接觸材料，角鑿可能會因此失控。我以作業的準確度為優先考量，通常留設比1mm再窄一點的間隙。但也因此可能會讓鑿刀燒焦、研磨頻率變高等，請自行斟酌過後再這麼做。

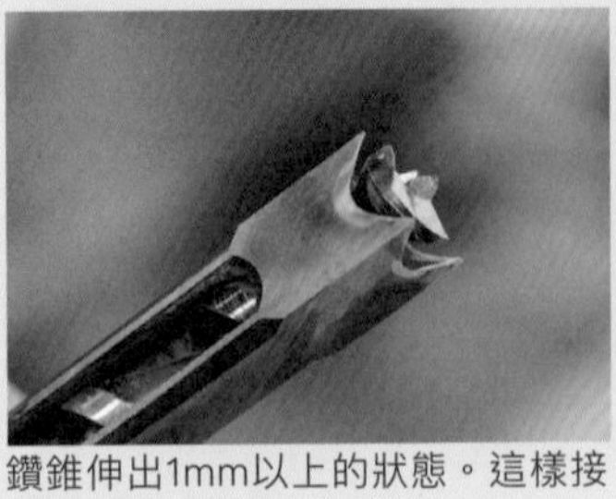

鑽錐伸出1mm以上的狀態。這樣接觸到材料可能因此失控。

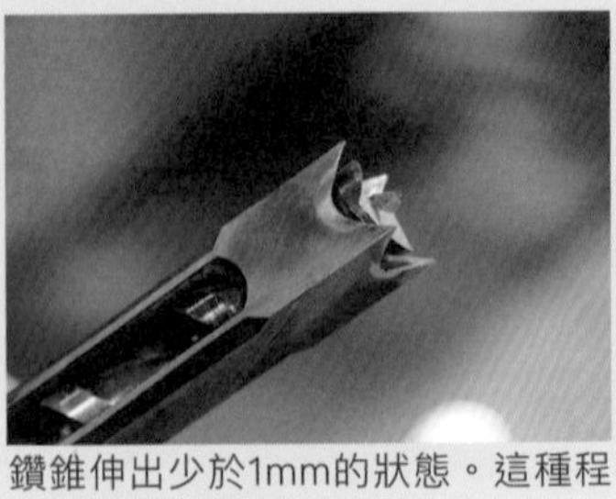

鑽錐伸出少於1mm的狀態。這種程度的話，容易使用。

無法避免變熱，刀片可能會燒焦。

◆準備的角鑿規格

使用符合榫孔大小的角鑿，我的選擇方式如下：

門窗的格狀部分等為6mm、使用闊葉樹材的椅腳是9mm左右、箱型器物用9mm至12mm，還要準備15mm的角鑿。

如果是闊葉樹就必須大力下壓，要跟更大的榫頭接合時，前後移動15mm的角鑿，分成二次鑽鑿。

角鑿比鑽頭、替換式鋸刀都來得昂貴。不需要一次就收集各種規格的角鑿，建議先依據要製作的器物來準備所需規格的角鑿，可鑽出適合該器物的榫孔大小。

只不過如果是較細的規格，過度施力在鑽錐上，鑽錐可能因此折斷，事先準備備用鑽頭比較不會出錯。也可以只購買折斷的鑽錐部分。

此外，闊葉樹等硬材施加過多壓力在外方鑿上，也可能從排除木屑的孔往上縱向裂開。使用頻度較高的規格，也請依需求準備備用的外方鑿。

對齊材料的墨線來調整角鑿的角度。

調整角鑿的側面與垂直導板平行

安裝角鑿時，要讓它與工作台上的垂直導板平行。用可以在居家裝修中心買到的方形鋁管，加上磁鐵就能當做簡易導尺。

將裝有磁鐵的方管，貼附在與垂直導板相對的角鑿後面，檢查方管是否與垂直導板平行。方管長度如果有30cm，就能很準確地檢查出是否平行。

磁鐵與鋁管並非專屬配件，市面上有各種可替代的產品，請在居家裝修中心、網路商店等找一找。

方形鋁管裝上磁鐵做成的導尺。要貼在角鑿鎖有螺絲的那一面，所以用平頭螺絲。

用磁鐵吸住角鑿，檢查方形鋁管與垂直導板是否平行。是簡單且正確的方法。

作業篇

◆上榫孔的墨線

必須在材料上要鑽榫孔的位置上墨線。使用劃線刀在榫孔寬度處做記號，畫上正確的墨線，同時也防止角鑿在鑽孔時鑽壞榫孔的邊緣。

標記榫孔厚度的墨線，可以使用榫孔專用、被稱為榫頭劃線器的劃線器，會較方便。

日本市面上並未販售榫頭劃線器，需自行製作。材料通常使用堅硬的櫟木，配合角鑿的規格將兩支刀片釘入劃線器的桿身。刀片使用釘子等，配合角鑿的寬度以銼刀磨尖。如此一來，就可以一次畫雙線，很有效率。如果有三種規格的角鑿，就需要三支榫頭劃線器。

若是不自己製作，可將雙丁劃線器對齊角鑿的寬度來使用，對齊比想像中更花時間。且用在其他用途後，又需要再一次重新對齊。

自己製作榫頭劃線器看起來麻煩，但只要做出來就可以搭配角鑿使用，反而更有效率。

自行製作的榫頭劃線器，釘子前端以銼刀磨尖。配合角鑿的規格事先做好。

◆定深與決定角鑿的位置

首先將材料固定。就算虎鉗已經鎖緊，還是無法固定材料時，將安裝虎鉗的位置靠近材料後再重新鎖緊。

虎鉗固定手輪在轉動時若會碰到材料就稍微鬆開，試著在該位置壓下虎鉗的快速桿，為讓快速桿移動到容易固定的位置，轉動虎鉗的手輪來微調。

深度則邊觀察附屬在機械上表示鑽孔深度的刻度尺，邊調整下壓桿與止擋塊、工作台的高度，以符合榫孔的深度。

在某些情況下也會調整下壓桿的斜度，直到容易施力的角度。

簡單的方法，是在要鑽榫孔的材料的側面畫上記號，標示榫頭長度、略寬鬆的榫孔深度。

固定好材料，將角鑿移動到材料的外側，按壓下壓桿直到榫孔的底部。在該位置時加上止擋塊。

或是降到止擋塊的位置，以工作台升降手輪，將角鑿的前端對齊榫孔底部的線，來確定深度。

最後是以工作台的前後移動手輪，讓榫頭劃線器的線對齊角鑿。

沒什麼高度的材料，以虎鉗固定後，材料的表面會因被虎鉗覆蓋無法查看。此時，可在下方以木材墊高材料，讓劃線器的線露出來。

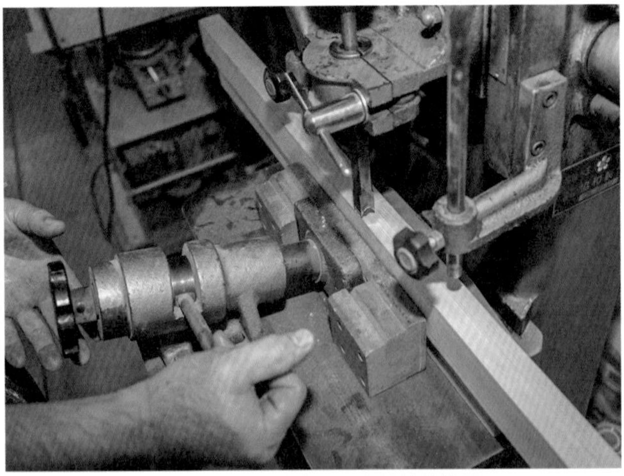

將虎鉗固定手輪與快速桿調整到容易固定材料的位置。

◆鑽孔步驟

角鑿經常會滑向較無阻力的方向，所以先對齊劃線刀的線，在榫孔的兩端鑿出比榫頭深度多3mm的孔。要多鑽深3mm的原因，是角鑿在結構上旋轉的鑽錐部分會呈圓形，由外方鑿削切的部分，則無法避免榫孔底部的四個角落會鑿不乾淨。雖然也可以最後再用清底鑿刀削切，但因為不會損及強度，鑽深一點就不用花時間再削切四角。

對齊劃線刀的線的兩端來鑽，如此一來，剩下的中段部分往左或右稍微超出也沒問題，要慢慢鑿除材料，時而左、右移動來完成榫孔。

木屑無法順利排除阻力就會變大，外方鑿可能會裂開，鑽錐也有可能因此折斷。

鑽孔時不要一次按下下壓桿，而是上上下下移動，就可邊鑽孔邊促使木屑排除。

通孔要從兩側開始鑽。也可能會因為角鑿隨木紋前後滑動，讓孔中出現高低差，為了容易修正，在材料厚度的中間部分貫穿。

向左、右傾斜的孔，方法之一是製作治具。又或者，如果是工作台可向左或右傾斜的機種，可使用該功能鑽孔。只不過工作台傾斜後，必須在回復水平後試鑽，以確定已經回復原狀，較為麻煩。

如果只要鑽一次斜孔，就算有點麻煩也要選擇讓工作台傾斜後鑽孔的方式。如果確定之後還會以同樣的角度鑽斜孔，則建議製作治具。不僅能保證角度會相同，即使需要將工作台回復成與角鑿垂直，也只要拿掉治具就好，結果來說又快又正確。

將榫孔深度標記在材料的側面。深度要多3mm左右。

用工作台的前後移動手輪，讓榫頭劃線器的線對齊角鑿。

在結構上，角鑿無法將底部的四個角落削乾淨，所以多鑽深3mm。

從榫孔的兩端開始鑽，再從兩端往中間鑽取。

◆操作注意事項

要鬆開固定材料的虎鉗時，請注意不要讓手伸到角鑿下方。特別是在固定長型材料的情況，虎鉗鬆開的瞬間，槓桿的力量可能會讓材料往上彈。

往上彈時若手剛好在角鑿下方，就會被材料頂向上，指甲上可能會被鑽出方孔或導致肌腱斷裂等，非常危險。

除此之外，不可使用中央附有螺旋錐的木工鑽頭。鑽頭一旦卡進材料，材料可能會被往上拉，導致嚴重的意外。

專業的角鑿機附有吹風機。將在左側吹風機的吹口朝向角鑿，殘留在榫孔的木屑會被吹走，不會留在材料表面。木屑從角鑿排出的方向，要朝向材料的後方或是右側。

因為沒有集塵功能，也可以考慮自行製作罩子集塵的方式，將木屑往後吹，再以後方的罩子集塵。

有關研磨

一旦角鑿變鈍，就會產生各種現象。

舉例來說，像是鑽孔痕出現圓形焦痕時，就應該是鑽頭的外周刃磨損。

又或是角鑿外側的外方鑿變鈍，榫孔內部的橫斷面就會削切不乾淨，此時應該是因為外方鑿磨損、變鈍。

角鑿刀價格昂貴，一般來說不會用完就丟，而會重新研磨，但研磨的頻率並不高。

以下說明鑽錐與外方鑿的研磨方法。

◆鑽錐的研磨

必須有鋼鐵用的銼刀。手鋸的鋸用銼刀最為適合，需要研磨的地方有兩處。研磨面積狹小很快就會磨尖，所以在研磨時每磨一下就要以目視檢查。

外周刃位於前端的側面，銼刀只從內側研磨。要是研磨過頭，會讓外周刃的高度變低，變成只有刃帶在削切造成積屑，使用壽命變短。

刃帶從上或從下都很鋒利。研磨只針對上側，所以只以銼刀從上研磨。

如果以銼刀研磨下側，只有前端被磨尖，刀尖無法碰觸材料，所以不會跑出木屑。

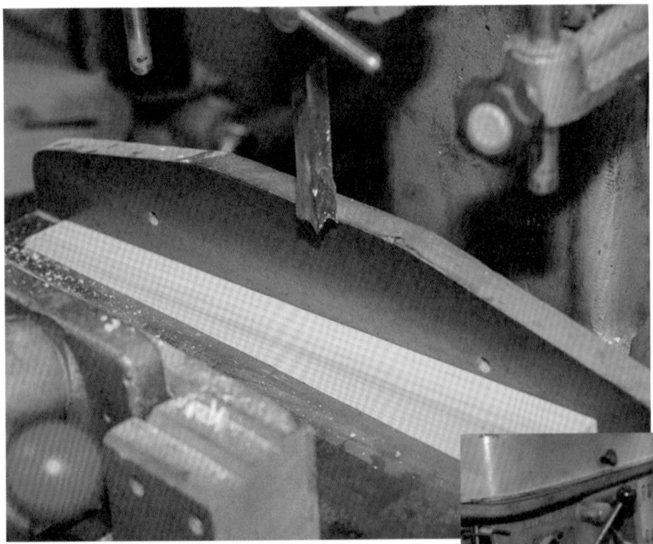

將治具依所需的傾斜角度放在工作台上，鑿斜孔就會很簡單。

轉動吹風機吹口的方向，使其可讓角鑿排出的木屑飛往後方或右側。

鑽頭研磨

研磨外周刃與刃帶。因為只要一下子就會磨尖，注意不要研磨過頭。

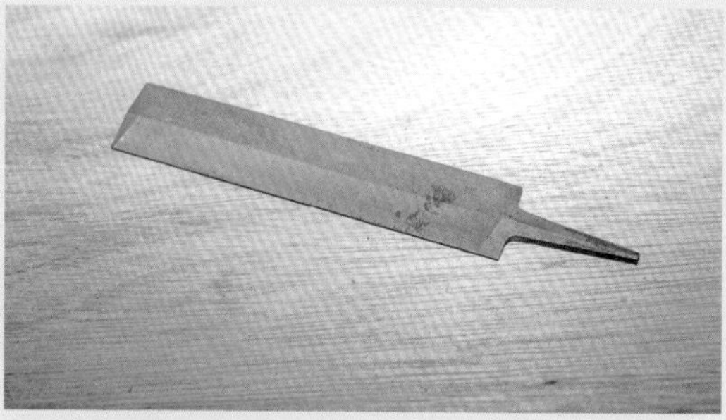

1 用來研磨鋸片鋸齒的鋸用銼刀，最適合拿來研磨鑽頭。

2 紅圈中的刃部為外周刃。外周刃可切入要鑽孔的部分。

3 外周刃只研磨內側。因為只要一下子就會磨尖，每磨一下就要檢查一次狀態。比起新品的狀態，磨成鈍角較不會磨損。

4 研磨完成的外周刃。注意不要研磨過頭，讓它變得比刃帶還低。

5 紅圈內是刃帶。是以刃帶來向前鑽。

6 刃帶只從上研磨。同樣在研磨時，每磨一下就檢查一次狀態。

7 研磨完成的刃帶。磨1至2次就可恢復鋒利的狀態。

8 一開始是前端的鑽尖進到材料中，接下來是以外周刃切進，再來是刃帶鑽入。若是外周刃變得太短，這樣的順序就會改變，表示鑽頭已壽終正寢。

角鑿的研磨

角鑿外側不會旋轉，但因為是刀具，所以還是會磨損。會磨損的除了邊角尖起的部分，還有中間凹下的部分。這些部分因為接觸鑽錐與木屑的排除，外側會出現毛邊般的翹起。研磨內側時，將附桿的圓錐狀磨刀石裝在電鑽起子機上，從前端插入角鑿，使其轉動來研磨。

研磨時要一邊觀察四邊，好讓四角的尖端等高。雖然也可以用半圓銼刀研磨，但用圓錐狀磨刀石研磨比較簡單。

從外側以約#1000、經平面整修的磨刀石，在不讓各個面崩裂之下研磨朝外翹起的部分，使其恢復平面。

光研磨前端會讓它變成楔形，鑿孔時不容易拔起，所以請研磨整體。但因為外側決定了榫孔的尺寸，請不要研磨過頭。

角鑿研磨

角鑿的刀刃要研磨內側、磨平外側翹起部分。思考模式與研磨單刃的刀具相同，但因為內側的刀刃為凹狀，所以圓錐形的磨刀石較方便。因為是在電鑽起子機裝上磨刀石來研磨，請注意不要研磨過頭而導致4個邊與角的高度改變。

1 裝在電鑽起子機上的圓錐形磨刀石。使用#1000的磨刀石。

2 注意在不改變4個邊與角的高度下，研磨整個外方鑿。以虎鉗固定角鑿，比較容易研磨。

3 檢查外側翹起的部分。盡量減少嚴重的毛邊。研磨過頭會縮短使用壽命。

4 去除毛邊的磨刀石為#1000，一定要用有著平面的磨刀石。只做最低限度的研磨，不改變寬度。

鑽孔機

鑽孔機是專門用來加工圓形孔洞的機械，配合材質安裝鑽頭，就可在木材、塑膠、金屬上鑽出圓孔。設有減速功能，可依材質、大小選擇適合的削切速度。

鑽孔機可以做什麼

用途廣泛，專門用來鑽孔的機械

專門用來鑽圓形孔洞的鑽孔機，從 DIY 等級的小型機具到專業人士使用的大型機械，有著各式各樣的機種。就算是相較於其他木工機械價格便宜的機種，也有各種有效的用途。因為是小型機械，不需要煩惱設置的空間。

若是沒有鑽孔機，需要垂直開孔時會使用電鑽，但幾乎不可能以目視檢查來確認是否完全垂直。

也有使用電鑽架等輔助器具的方法，不過鑽孔限制較多，在鑽大直徑的孔時也難以保障安全。

性能需求

製作家具時的鑽圓孔作業中，有鑽孔加工面會直接在表面露出的情形，也經常被要求角度要正確，如椅腳、橫桿等的加工。

除此之外，有時會為了設計目的而在顯眼處鑽孔，或鑽孔來當做把手。

其他如製作手工藝小器物，也可能比家具需要鑽更多的孔，一次要製作的量較大的話，製作治具來提高鑽孔機的效率較為理想。

幾乎所有的機種都可配合各式鑽頭的長度、鑽孔深度，而改變工作台的高度。一般的機種設有手輪，可轉動手輪升降工作台。還裝有止擋塊，可簡單依加工材料決定適當的鑽孔深度。

直徑愈大的鑽頭，圓周速度愈快，削切阻力也更大。加工堅硬的木材時選擇最慢的速度，依馬達的功率，也會有無法使用的鑽頭。

若是希望加工用途廣泛，就必須要有一定程度的馬達功率。也有些機種的鑽孔機看起來很大台，實則馬達功率不怎麼高。

所有的機種都標示有鑽孔能力。小型機種中，有些機種只能處理厚度 10mm 以下的木材。

這類機種只在以薄板製作小型器物時有幫助。考慮到要加工厚度較厚的板材、堅硬的闊葉樹材，就請選擇大馬力的機械。

除此之外，不同機種能升降工作台的幅度也有所差異，也應列入選擇的考量。

可用鑽夾頭裝上各式各樣種類的鑽頭。一般規格的鑽孔機，安裝的幾乎都是 13mm 的鑽頭。

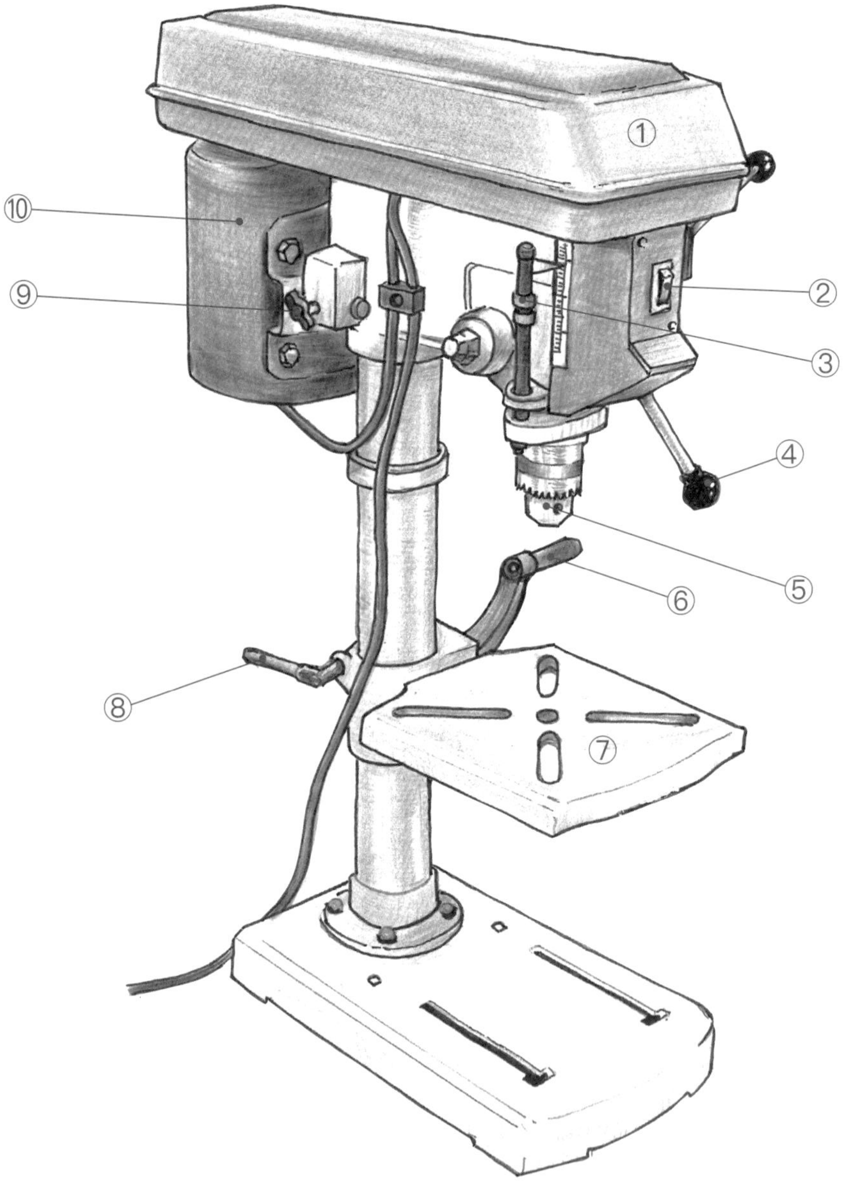

①V 皮帶、滑輪蓋
②開關
③鑿切深度止擋塊
④下壓定位手輪
⑤夾頭
⑥工作台升降手輪
⑦工作台
⑧工作台固定桿
⑨皮帶鬆緊固定旋鈕
⑩馬達

各部位名稱

鑽孔機的種類繁多，從直立落地型，到鑽頭部分可傾斜、可改變支臂到鑽夾頭間的距離，多功能的懸臂鑽床鑽孔機等。用在木工上，很少人會使用金屬加工用的大型機械，大多數還是選擇性能優異的桌上型鑽孔機。

各部位的名稱、操作方式等，將以桌上型鑽孔機來說明。

使用前的檢查

檢查項目列舉如下：

- 是否已牢牢固定在工作桌上
- 檢查壓桿、手輪等的操作
- 重新安裝改變轉速的皮帶
- 皮帶的鬆緊度
- 鑽頭是否垂直安裝、無歪斜

大多的機械為縱向較長，加上頭部較大，是容易不穩固的機械。要牢牢固定在工作桌上，檢查螺栓是否已擰緊。

桿件類的操作大致只有下壓固定桿與工作台升降手輪，檢查這兩個桿件的操作是否沒問題。

轉速的設定需考量安全，基本上不用高速。幾乎所有時候都是使用中速到低速這一側，如果跑到高速側，要重新將皮帶裝回低速側。愈高速旋轉就愈可能導致意外事故，就算想採用高速，也應該從低速開始慢慢嘗試。

重新安裝皮帶的方法，因為有一個可用手轉動來綳緊皮帶的旋鈕，可以轉開旋鈕使皮帶放鬆後，再重新安裝。

馬達的滑輪是約五層的階梯狀，皮帶可裝在不同層上，馬達這一側的滑輪直徑愈小轉速愈慢。

鑽夾頭這邊的滑輪也是五層，皮帶要套在同樣高度的滑輪上使用。

擰緊剛剛旋鬆的旋鈕，檢查重裝後的皮帶的鬆緊度。

使用的鑽頭是否垂直裝

重新安裝皮帶的方法

木工作業中，幾乎都是將滑輪裝在低速側使用。即使要提高轉速，也應視情況從低速側逐漸往上調整。

1 打開上蓋後，可看見滑輪與皮帶。轉動旋鈕，就可以鬆開被固定的馬達，並鬆開皮帶張力。

2 放鬆皮帶後，將其換裝在低速側的滑輪上。

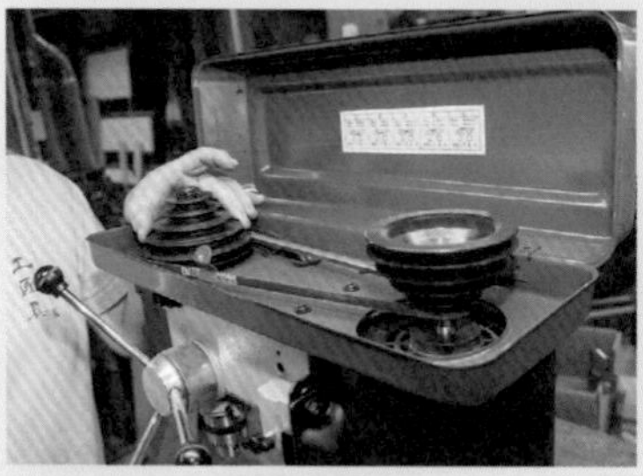

3 在馬達這一側，將皮帶套在直徑最小、最底下的滑輪上，鑽夾頭這一邊也套在同樣高度的滑輪上。

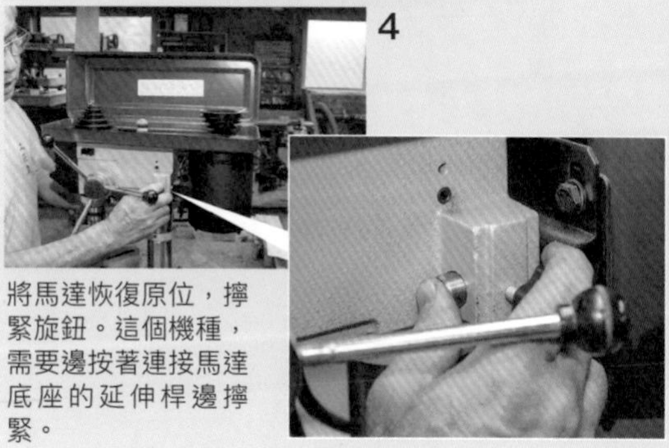

4 將馬達恢復原位，擰緊旋鈕。這個機種，需要邊按著連接馬達底座的延伸桿邊擰緊。

上，將角尺抵在兩側與前後來檢查。

各部位檢查調整

中階以上的桌上型鑽孔機，基本上幾乎沒有需要調整的地方。我想它的精確度在木工作業上是沒有問題的，所以上油保養應該已經足夠。

只不過也有非常便宜的機種，因為便宜所以精確度可能不高，如果選擇的是這類機種，在某種程度上必須不期不待。

如何挑選鑽頭

■鋼鐵鑽頭

可鑽金屬、塑膠等，也適合在木材上鑽較小直徑的孔。

定位時因為鋼鐵鑽頭的前端為鈍角，較難找到中心。要在木材上鑽重要的孔時，使用中心衝等會比較容易引導至中心。

木工作業時，鋼鐵鑽頭不適合鑽大口徑的孔，而是適合鑽直徑較小的孔。

材質為高速鋼，所以堅固、耐磨，適合小孔。也有販售研磨機，高階機種可針對離隙角扭轉研磨，折斷的鑽頭可因此重生，變得有如新品。

木工的加工，愈軟的材料加工面就會變得愈粗糙，無法當做完成面。

■木工鑽頭

決定鑽孔位置時，鑽頭前端為尖狀，可以在要鑽孔處的中心做記號直接鑽孔，將粗的木螺絲等磨尖當做中心衝使用，便可以定位在更正確的位置。

也稱為木工銑刀。一般來說，價格平易近人，產品種類豐富。

直徑從約3mm到36mm，以0.5mm為級距。我也會用砂帶機磨去外側，加工成0.5mm以下的中間規格。

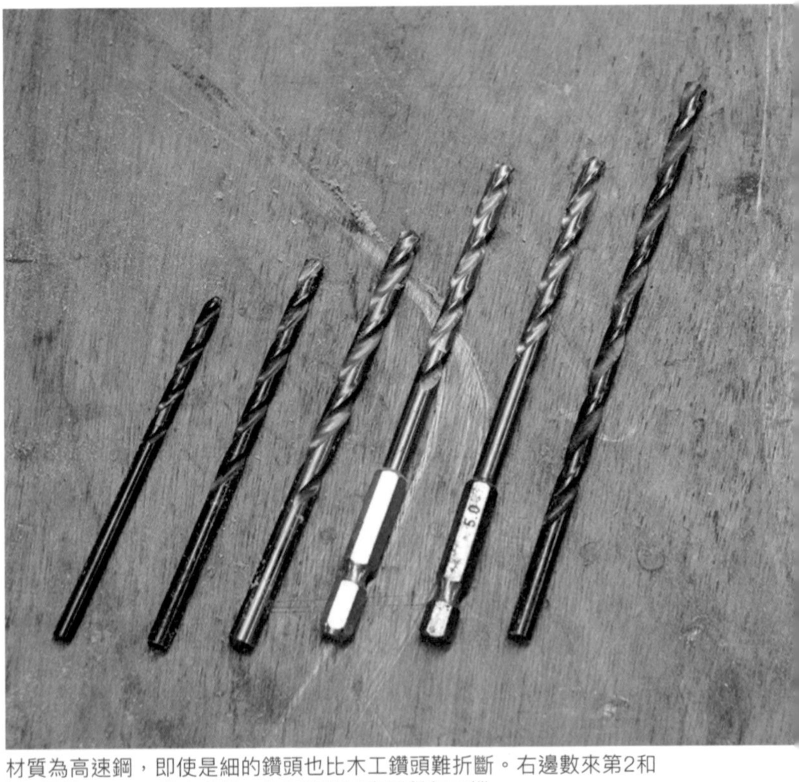

材質為高速鋼，即使是細的鑽頭也比木工鑽頭難折斷。右邊數來第2和第3個是6.35mm的六角軸，也可直接用在衝擊起子機。

應該要注意的一點是，絕對不可以使用前端附有螺旋錐的類型的木工鑽頭。

因為螺旋錐會邊旋轉邊挖掘，若在鑽孔機上使用，錐尖卡進材料的瞬間會把材料往上提，材料就會因此開始旋轉。

倘若在那一瞬間袖子等被捲進去，可能會導致嚴重的意外。如果只有帶螺旋錐的鑽頭，先以金屬用銼刀削平螺旋部分，使用上就不會有問題。

若是要用細的木工鑽頭勉強在硬木上鑽孔，鑽頭可能會折斷。要在硬木上鑽直徑較小的孔時，建議選擇鋼鐵鑽頭。

直徑較大的木工鑽頭，大多採用二外周刃、二刃帶。直徑較小的木工鑽頭，一般則是一外周刃、一刃帶。

鑽頭可用細緻的鋸用銼刀重新研磨，輕輕鬆鬆就能恢復成新品的鋒利程度（詳見第99頁）。

鑽的孔愈深，木屑就愈難排除，容易使鑽頭受損、讓內側的加工面起毛，所以在鑽孔時，請時常上、下移動，幫助木屑排除。

■木工用取空刀

這類鑽頭受結構因素影響，沒有直徑較小的規格。不過，鑽軸既粗且堅固，也有直徑比木工鑽頭更大的規格。

加工後的切削面，側面、底面都很美觀，最適合用來裝設收納櫃的緩衝鉸鏈等。

優質的取空刀，其鋒利程度可讓加工面不需再經過打磨就能直接當做完成面。

如果是外國製造的產品，有直徑相當大的取空刀，可能會因馬達功率不足無法使用。

有可以重新研磨、也有無法重新研磨的類型。這類鑽頭難以在研磨後回到新品般的鋒利程度。如果是高級的取空刀，有的材質是鎢鋼，雖然無法由使用者親手重新研磨，卻可長保鋒利。

已磨平螺旋狀刀刃的木工鑽頭。磨到這種程度，就不用擔心會把材料往上提。比起削成圓錐狀，留下一點尖角，鑽入時較輕鬆。

使用這種鑽頭，要先以金屬用銼刀磨平前端的螺旋。

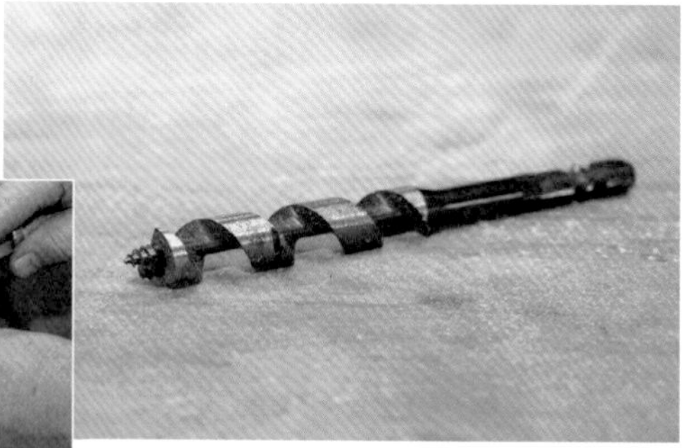

前端為螺旋錐的鑽頭類型，一旦前端卡進材料中，就會把材料往上提。

■自在錐

主要用來鑽取通孔，是直徑可自由調整的鑽頭。在不會增加鑽孔機馬達的負載下，依選擇的鑽頭可以鑽取相當大的孔。

貫穿加工雖然簡單，但因為沒有穿底的刀尖，容易鑽到一半時停住，若要去除底部，則需要以雕刻機等切削到一定的深度。還有，因為中心鑽頭較長，有時比較難去除中心鑽頭的鑽痕。

要注意的是，為了不讓材料跟著旋轉，一定要用夾具固定。

木工用取空刀。規格豐富多樣，在加工家具裝設鉸鏈的孔時相當方便。

幾乎都是左右對稱的雙刃式，其中也有單刃的產品。在手動式機具以外使用單刃的產品非常危險，並不建議。特別安裝在手握電鑽等工具使用，可能導致受傷與失敗。

研磨時很難讓雙刃高度相同，變鈍的話建議更換刀片。

作業篇

◆鑽孔方式

以鑽夾頭裝上鑽頭，考慮鑽頭適合的轉速，選擇滑輪的溝槽，重新套上皮帶。

打開開關後，檢查鑽頭的轉動。如果是歪的，應該是裝進鑽夾頭時沒裝好。

此時請鬆開夾頭，再從三邊以同樣力量重新鎖緊固定。

鑽暗孔時，如果是有鑽孔深度刻度尺的機種，將刻度調整至和鑽孔深度相同，再以這個深度固定下壓定位手輪的止擋塊。

深度的起點為零，即以鑽頭中心插入材料、刃帶接觸材料的位置。

沒有刻度尺的機種，在材料的側面標記鑽孔深度，放在工作台上。轉動下壓定位手輪，將鑽頭降至材料的側面，使鑽頭前端對齊鑽孔深度的位置後，固定止擋塊來決定深度。

如果是通孔，以鋼鐵鑽頭鑽直徑較小的孔時，一般來說，會在要鑽孔的木材下墊木板再鑽透。

如果是用木工鑽頭，鑽頭前端會比外周刃更早鑽入，在前端略微鑽透時，將材料翻面，以該孔為中心往下鑽來鑽透。

如果讓鑽頭前端從內側整個貫穿，在從內側鑽透時，鑽頭前端會無法固定在材料面，鑽尖會游移，外周刃會比鑽頭前端更早接觸到材料，可能因

自在錐在削切材料時阻力相當大，要以夾具牢牢固定材料，以免跟著旋轉。

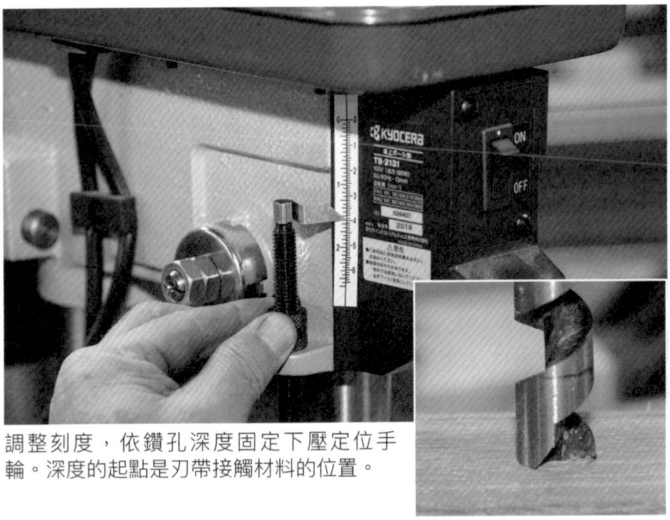

調整刻度，依鑽孔深度固定下壓定位手輪。深度的起點是刃帶接觸材料的位置。

設定暗孔的深度，要在材料的側面標記，讓鑽頭前端對齊該位置，再固定下壓定位手輪的止擋塊。

此失控、中心偏掉。

鑽斜孔時，即便是工作台可傾斜的機種，也建議以合板製作治具。製作相同器物的時候，可以重現完全相同的傾斜角度，要恢復原本的水平狀態，也只要拿掉治具就好，不需另做調整。

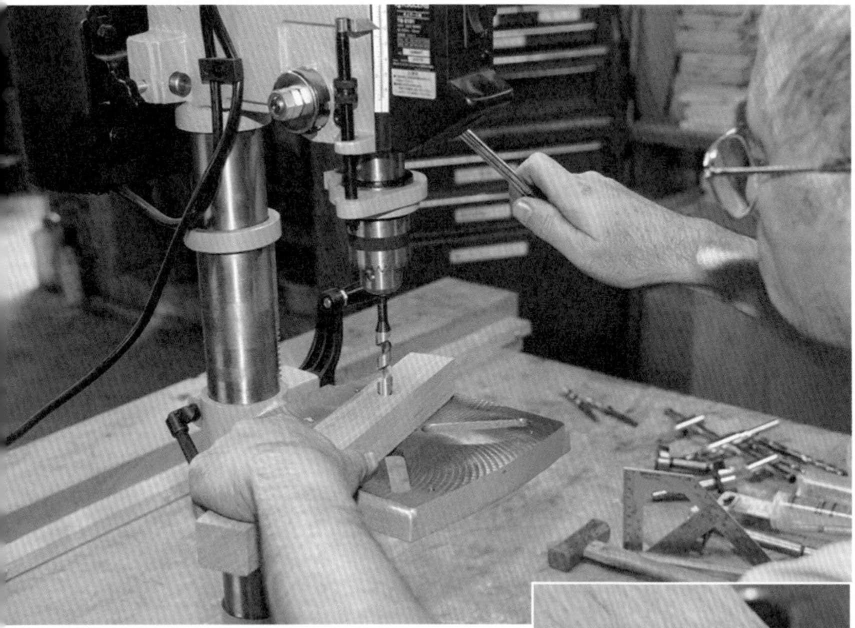

以木工鑽頭鑽通孔時，讓鑽頭的前端從內側稍微鑽穿一點，再翻過來以剛剛的孔為中心鑽透。

懸臂鑽床鑽孔機可在工作台保持水平狀態下，改變鑽孔的角度。要回復原樣或是調整到所需角度時，速度與精確度都無法與治具匹敵。

在長型材料上鑽孔時，利用支撐架使材料穩定，就能安全且有效率地作業。

小型材料請一定要固定後再加工。
有些機種附有專用的虎鉗。

在小型材料上鑽孔時，按壓的手如果靠近鑽頭會很危險。請以虎鉗、夾具等固定材料後再進行。

又或者是在將材料切割成預定的大小之前先鑽孔，鑽孔完之後再依長度切割，鑽孔時較為安全。

操作注意事項

若要在使用時更換鑽頭、調整工作台高度，需要先關掉電源。這類機械雖然可較快停止轉動，卻未設有煞車，用目視確定已經停止轉動再更換鑽頭。更換時，也請把電源插頭拔掉。

在以鑽孔機加工時，木屑可能會塞在鑽頭裡，如果有空氣壓縮機，將風管朝向加工面，連接踏板開關就可以吹飛木屑，也能讓鑽頭冷卻，幫助很大。

雖然多數人可能認為只要不把手伸到鑽孔機夾頭上的鑽頭下，就會比較安全；然而也可能在鑽頭一接觸材料時就發生意外事故；或是也可能發生如袖子被捲進去、長髮者的頭髮被捲進去等的意外。

要謹記，作業時的謹慎小心不怕多，就怕不夠。

使用傾斜治具，在兒童椅的椅面下，鑽出從四角向外斜的圓形榫孔

要製作需在椅子的椅面下鑽圓、並插上有著圓榫的椅腳類型的椅子，需在椅面下鑽出四角向外斜的榫孔。這類作業，使用較大型的固定式鑽孔機較方便。

從四角向外斜，以對角線來思考，只是將梯形交叉。

為了鑽傾斜的孔，以合板製作專用的傾斜治具。比起只製作一把椅子，通常一次製作好幾把的機會比較多，如果是專業木工師傅，也可能因為是經典款而需要反覆製作固定形式的椅子。為提高作業效率，重要的是能熟練使用治具。

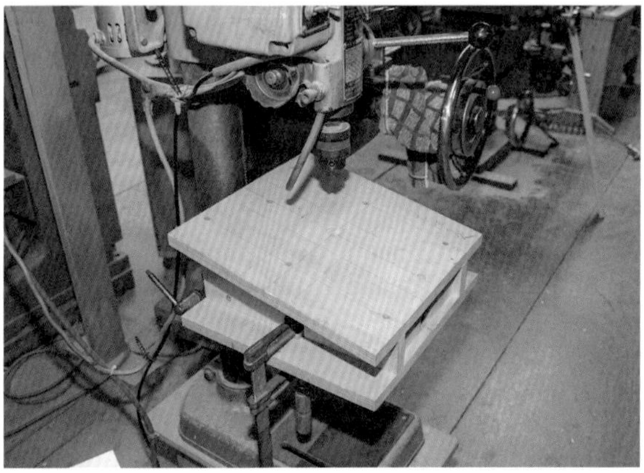

在椅子的椅面下鑽出四角向外斜的圓孔所用的治具。也常有機會加工堅硬的闊葉樹材，所以用較厚的合板製作出堅固的治具。

1

在治具的表面，以雙面膠貼上切割成正方形的薄板。在薄板上畫對角線，這條線是四角向外斜的基準。

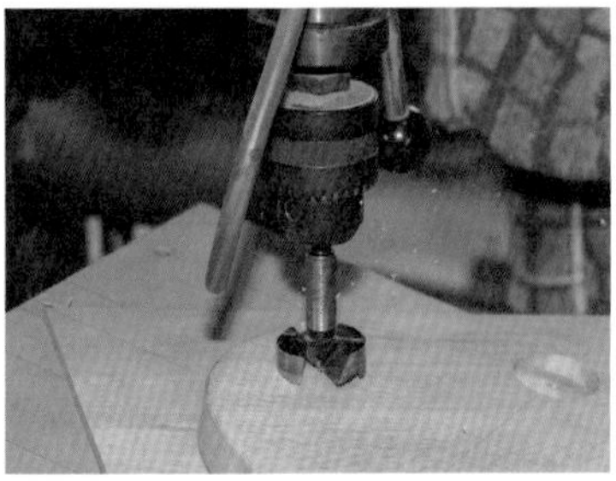

2

從椅腳處的中心朝對角畫線，將這條線對齊薄板上的線，就可以鑽出四角向外斜的榫孔。

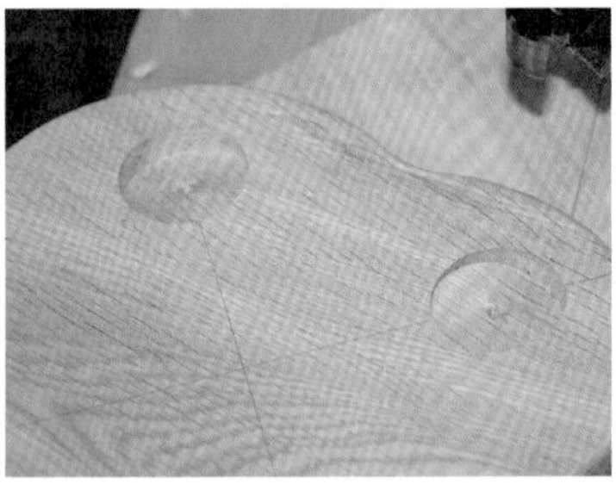

3

使用取空刀鑽出圓榫接合面。之後再鑽榫孔。

4

取空刀鑽出的接合面底部，會留下鑽尖的小洞，以此為中心，鑽出圓榫的通孔。

5

鑽透時請慢慢鑽，盡量不讓毛邊產生。因為會用手壓鉋削除毛邊，所以在削切時要考量這點，將椅板做得厚一點。

用於**砂磨**的機械 種類與用途

砂磨木材的機械

製作木工作品時，在完成作品的最後階段經常會進行砂磨。桌、椅等製作完成之後的砂磨，是使用在DIY的世界裡也很活躍的砂帶機、砂紙機等電動工具。

只不過因為已組裝完成，可能會出現難以砂磨的部分，所以依據製作的器物，也常會在組裝前的構件階段就先砂磨加工。

這種時候，比起手提砂磨機，固定式的砂磨機更方便。比起將砂磨機壓在木材上砂磨，將木材壓在砂磨機上砂磨可以更準確。

我在考量作業效率下，選擇的是比較大型的砂帶機。

特別是固定式的砂帶機，馬力強大、用途廣泛，可從平面砂磨、針對曲面的凸面與凹面等的磨削、砂磨，甚至成形等。

其他還有如立軸砂光機、海綿砂光機、寬帶砂光機等，不過主要被設計成處理特定的加工，用途較為單一。

砂帶機

砂帶機是讓環狀砂帶高度轉動而砂磨木材，有從手提式的電動工具到大型的機械。

手提式砂帶機有各式機種：如砂帶寬度較窄，主要使用前端部分適合砂磨窄處的機種；也有砂帶寬度較寬，利用寬廣的面積能快速砂磨為目的的機種，形狀也是形形色色。

DIY等級的砂帶機，也有在固定式砂帶機的側面設有平面砂輪機的機種，雖然這類機種在製作小手工藝器物時很方便，但如果是專業的木工作業，還是需要馬力強大的大型機械。

除了砂磨狹小部分的機種以外，砂帶機是以高速轉動的砂帶砂磨材料，要用它來正確的成形、拋光等砂磨，固定式機種較方便使用，可將材料置於工作台上，邊控制力道邊砂磨。

有可平面研磨、或使用滑輪部分的曲面研磨，也有砂帶部分可轉直或橫的機種。

砂帶機

砂帶機在木工作業的最終階段肩負重任。雖然也有各式各樣電動工具類型的砂磨機，但大型木工機械等級的砂磨機，不僅加工用途廣泛，還能大幅提升作業效率。

砂帶機可以做什麼

用途廣泛的砂磨機械

兩側設有滑輪，在其間套上一整圈的砂帶以高速轉動，是可藉此提升砂磨效率的機械。

加工用途廣泛，所有的情況下都不會造成逆紋撕裂。

有些機種可改變砂帶轉動方向，使其平行木紋磨削或垂直磨削。

另外，還有工作台可以傾斜使用等多功能的機種。

需求性能

電動工具等級的機種多為小型，馬力不強。在砂磨時，大力按壓材料可能反而轉不動。

如果是木工機械等級的機種，按壓材料時，不會因馬力不足讓轉速變慢，能夠維持高速轉動，作業效率遠勝前者。

磨削組件部分有直式與橫式，另外也有雙向都可使用的可變式。可依據用途來分別使用，直、橫兼用的類型較方便。

各部位名稱

以下介紹的是直、橫兼用的類型。不同機種的性能、運轉部分可能差異極大，但基本操作都相同，請參考以下使用的名稱與使用方法。

直式使用的砂帶機。砂帶由上往下轉動。

也可轉動手輪，將其變成橫式。

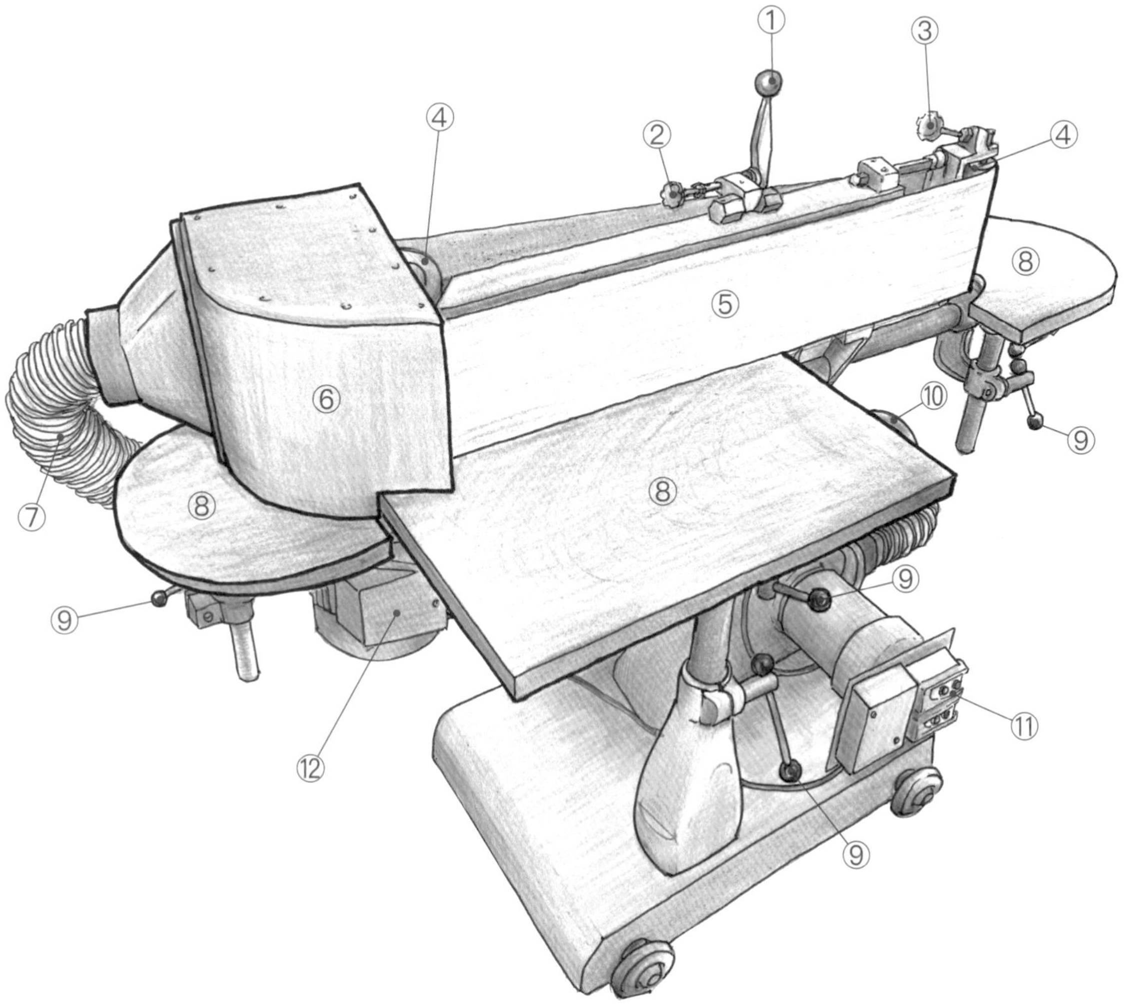

①砂帶鬆緊固定桿
②砂帶鬆緊調整旋鈕
③砂帶偏移調整旋鈕
④滑輪
⑤砂帶
⑥集塵罩
⑦集塵管
⑧工作台
⑨工作台升降桿
⑩直橫變換手輪
⑪開關
⑫砂帶驅動馬達

使用前的檢查

檢查項目列舉如下：

- 確定砂帶轉動的方向前方沒有人或物品
- 集塵管是否安裝正確
- 砂帶的鬆緊
- 砂帶相對工作台是否垂直
- 砂帶是否磨損

砂帶機和平台圓鋸機一樣，是可能發生強烈反彈的機械。假設是砂帶由右往左轉動的機種，反彈時材料會從右往左飛。為了避免危險，請不要站在機械的左側，並確定在材料飛散的方向沒有人、容易損壞的物品等。

砂帶機是會產生細微粉塵的機械。就算以集塵管連接集塵機，也很難吸入全部的粉塵，所以盡可能設置在空氣流通的窗邊。假如難以固定時，也可像鑽孔機一樣將砂帶機裝在附輪台座上，改造成移動式。

砂帶相較於金屬製的刀具等，就算手指不小心碰到，突然被切斷的危險也較低。但砂帶仍然是以高速轉動，強力碰撞還是可能造成要送醫程度的傷害。

打開電源之前，務必檢查砂帶的鬆緊度是否恰當。

還要使用角尺檢查砂帶與工作台是否垂直。兩者間經常容易出現些微歪斜，不過再怎麼調整也不會影響到加工。

砂帶磨損時，砂磨的材料可能會燒焦。在使用前，請仔細檢查砂帶的狀態。

如何選擇砂帶

砂帶和砂紙相同，要根據使用目的選擇不同網目數的砂帶。

基本上會區分成形與拋光的工序，來決定砂帶的網目數。

在打開電源之前，檢查砂帶的鬆緊度。以手按壓，鬆緊度為可壓進2～3cm左右。

將角尺抵在工作台與砂帶的導板上，檢查是否為直角。

工作台與砂帶的導板若不是垂直，調整工作台的角度。

■#60

此網目數是用在成形的磨削作業，也可用來初步砂磨。

較少拿來砂磨平面，而是用在圓形、橢圓形等凸面，不以雕刻機成形時。

砂帶比想像中更占空間，可以掛在靠近天花板處。要拿下來的時候用長棒拿。

■#120

用在消除#60的磨痕，到拋光為止的砂磨作業。這之後，只要在電動工具的方型砂磨機裝上#180，就可以消除#120的條狀髮絲痕，基材就完成了，可接著塗裝。

■#180

如果在基材拋光時不使用方型砂磨機，就使用#180，砂磨後完成基材。只是會留下細細的髮絲痕，但之後若會塗裝，這種程度不需在意。介意磨痕的話就再使用#240砂磨。

因為分別使用好幾種的砂帶，所以需要保管不使用的砂帶。砂帶無法折疊，相當占空間。

我是利用靠近天花板處的閒置空間，掛在牆上保管。

砂帶的壽命

砂帶在使用時，研磨顆粒會磨損、脫落等。或是木屑會卡在上方，砂磨能力因此逐漸減弱。此時就要使用修整器。

將修整器抵在卡了木屑的砂帶上。

在機械運轉時，將修整器壓在砂帶的表面，去除卡在砂帶上的木屑，恢復其砂磨能力。

砂帶的網目數愈高，愈容易卡木屑，此時減弱朝機械按壓的力道可能會有所改善。

使用修整器也無法改善時，應該是使用壽命耗盡。此外長期使用後，在鉋削阻力較大的硬木或橫斷面，若是加工面出現焦痕，請將其視為更換的訊號。

砂帶的更換與機械的調整

更換砂帶的方法類似於更換帶鋸機的鋸片。將緊繃的砂帶放鬆後，從滑輪處開始卸下，再把另外的砂帶套進滑輪與滑輪間，輕輕繃緊。

將砂帶移到滑輪的中央後，以手轉動砂帶，用砂帶偏移調整旋鈕來調整，檢查在轉動時，是否不會偏離滑輪。

以砂帶鬆緊調整旋鈕調整，將只是稍微繃緊的砂帶調整到適當的鬆緊度，邊以寸動操作，打開開關逐步增加轉速，確定在高轉速時，砂帶也不會從滑輪偏離。

在使用中也可能會稍微偏移，即便機械正在運轉，也請進行微調，讓砂帶可在滑輪的中心轉動。

其他需定期進行的程序如：各部位的上油；檢查螺絲、螺栓是否已擰緊，並再次

更換砂帶機的砂帶

砂帶機的砂帶需要因應加工工序而更換，除了磨損以外，也有其他理由而需要更換。比起砂磨能力高的新砂帶，已磨損到一定程度的砂帶可能更容易使用。保管到完全無法砂磨為止，依目的分別使用就不會浪費。

砂帶鬆緊固定桿與砂帶鬆緊調整旋鈕。以此調整砂帶的鬆緊度。

壓下砂帶鬆緊固定桿，放鬆砂帶。

卸下砂帶，準備替換用的砂帶。

砂帶的背面印有轉動方向的箭頭，請確定方向正確。

確定方向正確後，將砂帶套到滑輪上。照片中的機種，是箭頭所指方向。

砂帶套入時，要套到滑輪的兩端與砂帶的兩端對齊為止。

讓砂帶鬆緊固定桿回到原位。

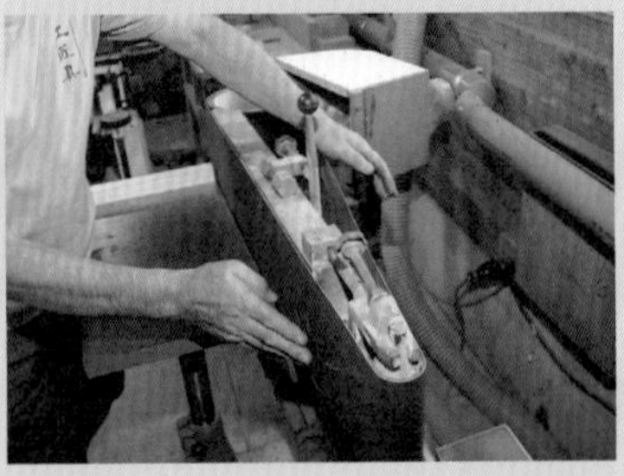

按壓砂帶檢查鬆緊度。使其處於可往內按壓2～3cm的狀態。

以寸動操作，檢查砂帶是否會偏離滑輪。

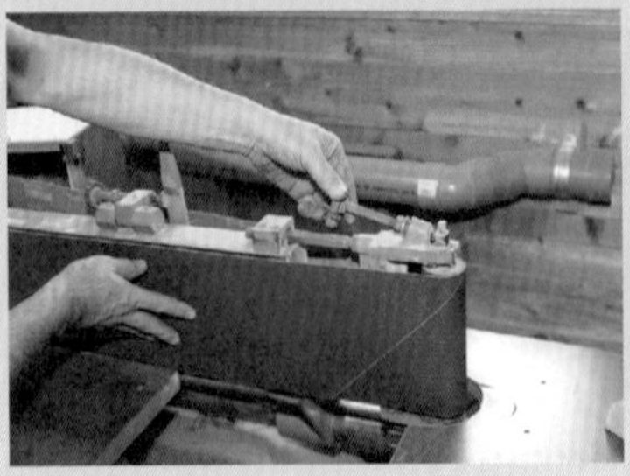

會偏移的話，操作砂帶偏移調整旋鈕，再度以寸動操作，反覆調整直到對齊。

擰緊等；清潔開關盒等，這應是所有木工機械的共通事項。

操作注意事項

所有的機械都共通，捲入會在一瞬間發生，所以要綁緊衣服的袖口。長頭髮也很危險，無意間往機械內窺看導致讓頭髮被捲進去，光想像就使人不寒而慄。

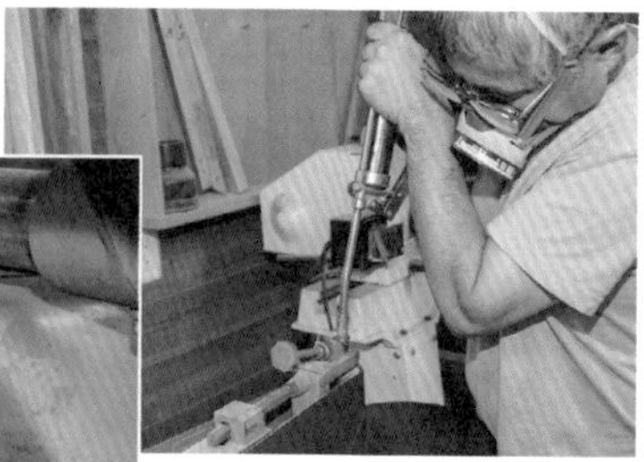
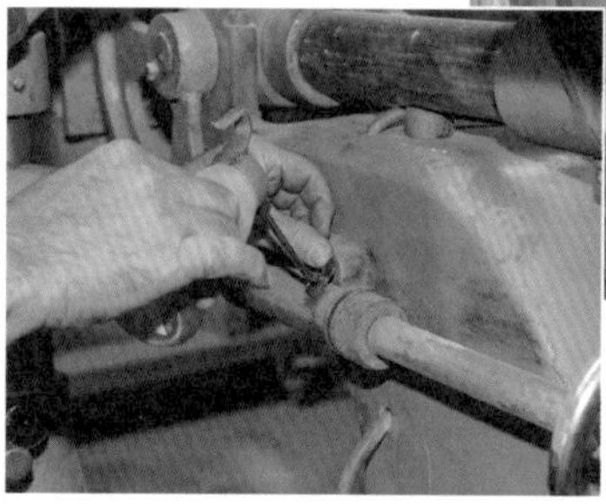
定期在壓桿、旋鈕的注油口加油。

我曾經在木工的書裡，看過穿著日式工作服操作機械的照片，這是絕對不應該出現的服裝。操作機械時的服裝，請務必注意。

也要小心機械在運轉時的反彈，在工作台的左側裝上當做止擋的角材、板材等。砂磨時，讓加工材料可抵著板材等，就不會發生反彈，也可防範加工材料彈飛。

只要用螺栓鎖上止擋、板材等，就可以隨時拆掉。

以工作台上的螺栓孔，當做止擋的靠板來固定。

直式的砂帶機會像帶鋸機一樣，砂帶由上往下轉動，因此，材料置放在水平工作台上的直式機種較為安全。

此外，鋪上板材等讓工作台與砂帶之間不再有空隙，可避免木材卡住的危險。

傾斜的工作台是為了讓材料往外側下垂，才使其傾斜。

因為工作台與砂帶之間有空隙，直接砂磨薄板的話，可能會卡在其間而導致意外。

如果是以往內側下垂的傾斜狀態加工，會對加工材料施加下壓的力，就算是直式機種也會發生反彈，非常危險。

請特別注意，不讓手指被夾進滑輪與砂帶之間。

因為是以高速被捲入，所以十分危險，假如手指被捲進去，抽出來時說不定已經彎曲了一百八十度。

小型加工物通常很難以手固定，應該花工夫製作治具，以免割到手指，裝上治具來砂磨是最好的做法。

在工作台上鋪板材並以夾具固定，使其與砂帶間不再有空隙。

作業篇

◆平面磨削

平面砂磨時，為了避免發生反彈讓材料被彈飛，靠著工作台與裝在工作台上的止擋來砂磨較為安全。

薄板的平面砂磨，很難以手壓著側面，所以用治具比較安全。如果覺得沒辦法保證安全，就請換成其他的研磨方式。

◆曲面（凹面）磨削

磨削凹面時，選擇左或右，靠近加工物的R（圓弧）的滑輪來砂磨。

開始砂磨後，以同樣力道按壓、相同速度移動，注意手不要停。

不這麼做的話，就會導致手停下來的那一部分變歪斜。

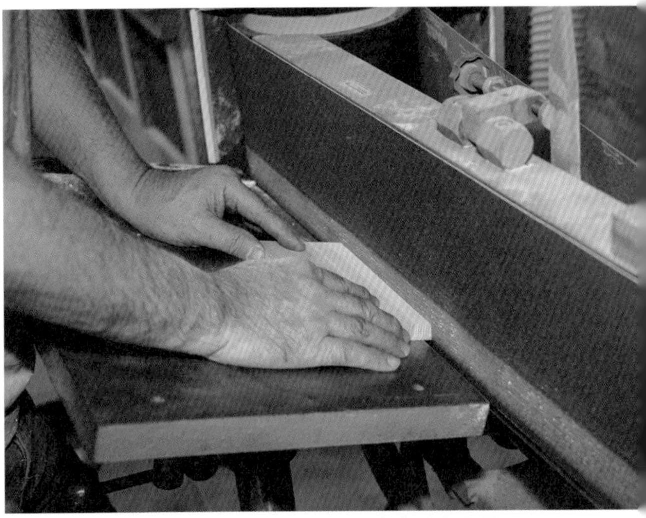

要是讓工作台靠砂帶那一側往下傾斜，會有發生反彈的危險。

為讓材料向外側下垂，傾斜工作台來使用。

使用滑輪處的砂帶來砂磨凹面，要以相同速度移動，以免過度研磨。

砂磨椅子的靠背時，將砂帶轉成直式較容易作業。

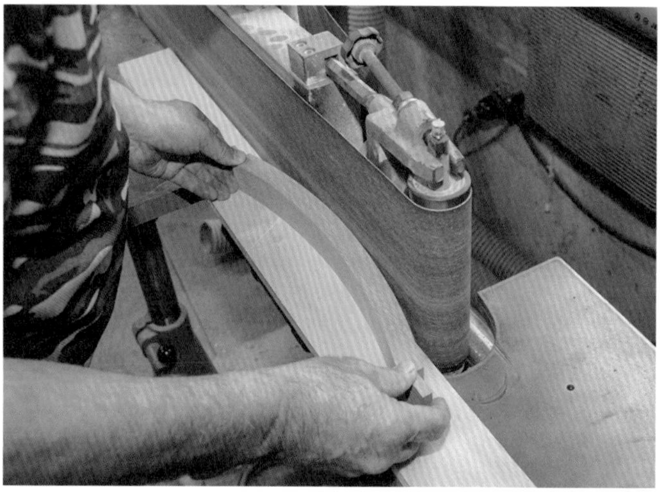

以橫式砂磨時，可利用滑輪與工作台間的內凹處磨削。

◆曲面（凸面）磨削

若是凸面，要使用砂帶背面沒有工作台的部分。如果使用滑輪與滑輪間距離較寬的部分，砂帶容易往內凹，無法做成漂亮的曲面。在使用時要設法讓砂磨的位置，不會接觸到背面工作台與滑輪間的背面的位置。

椅子靠背處的加工需要磨削凸面時，從角材成形，會使砂帶產生不必要的磨損，還要花費時間削薄，先以帶鋸機將加工界線的外側大致削切過後，裝上#60號的砂帶，磨削變形的部分且磨削到靠近加工界線處。

之後換上#120的砂帶，一邊磨掉#60造成的磨痕，邊磨削到加工界線為止。

這種加工，比起橫式的砂帶機，直式的比較少木屑卡在砂帶上，磨損程度較低也不會造成反彈，所以我經常使用直式。

#180是用在磨削基材的方型砂磨機上，裝上#180可以除去以#120砂磨後出現在材料上的磨痕。

要形塑椅子靠背的凹面，滑輪凸面的曲面角度太彎，容易歪斜很難成形。

這類加工請使用模具與雕刻機，等曲面成形後，在砂帶機裝上#120只做抛光。

◆磨削小型構件

使用高速轉動的砂帶機磨削小型構件，磨削完成的速度很快，所以必須注意施力方式。為了不會失敗，拿測試用的構件來檢查磨削的程度，調整施力大小。

磨削小型構件時，會製作治具。在有著許多相同構件的時候，目的是減少切削量、避免光磨削到某一邊，製作的治具如果可一次固定複數材料同時磨削，會很有用。

其它的解決方式，還有增加砂帶的網目數、減少可磨削的量等。

從集塵角度
來檢視工坊的空間配置

空間配置因工坊的大小、環境等都會不同。請思索適合自己工坊的空間配置。

「大工道具的曼陀羅屋」的店面在右側。從有煙囪的部分往內是工坊，左邊L形部分是木材倉庫。

要打造專業的工坊，固定式的集塵機是不可或缺的設備。削切時會產生大量的木屑，所以規劃工坊的空間配置時必須將集塵納入考量。以下以我的工坊為例，說明固定式集塵機的種類、設置、配管等事項。

專業木工師傅不可或缺的集塵設備

木工作業中有鋸切用的、鉋削用的、鑽孔用的各式各樣的機械，用來加工木材製作成所需的形狀。集塵機雖然跟加工無關，卻是不可或缺的設備。

DIY等級的木工，使用的是已經削切過的材料；專業木工則是從削切開始，相較於DIY則會產生至今未見的木屑。

特別是使用單面自動鉋、手壓鉋時，會讓工坊內到處布滿木屑，也會產生大量粉塵。DIY木工是每次作業時把木工機械拿出來，結束後收起來，只要清掃過後，當天的工作就完成。然而工坊內設置有隨時可運轉的木工機械，打開電源就能馬上開始作業。

若只是考慮作業效率當然沒問題，但要使用馬力強大的木工機械從事高效率的作業，意味著會產生大量的木屑與粉塵。

為了解決這個問題，必須有效率地集塵。也就是，必須要有一套能夠有效率地從木屑排出到輸送，再聚集一起並丟棄的集塵系統。

為了打造能夠有效集塵的工坊，務必要著眼於工坊的整體制定計畫，包含與機械的配置併行處理的配管等。

固定式集塵機

集塵的關鍵在於集塵機。它連接木工機械，吸取從機械排出的木屑。

工坊內的固定式集塵機，有過濾式與旋風式兩種類型。

兩種類型都是以渦輪產生風壓，產生從機械吸取木屑的力。

過濾式類型的集塵機，是機體、濾網與集塵袋為一體的機種，會將廢氣排在室內。

我以前是使用過濾式，濾網是布製的便宜機種，所以無法吸進細小的木屑。

現在有些機種上方集塵袋的濾網性能佳，且可處理細小木屑。但必須定期清理濾網上的木屑，維持吸力。

另一種是旋風式，目前的工坊是採用這種類型。

炫風式是以風壓產生離心力，只分離木屑並以重力讓木屑落下，將廢氣排到室外。若是集塵機機體與旋風器機體兩者的大小不平衡，就有可能無法完全分離不具重量的細小木屑。

因內部中空、結構簡單，不會阻塞所以不需要保養。

有關設置位置

接下來，讓我們思考集塵機的安裝位置。

需要考慮的一點是，要將木屑排出量大的手壓鉋、單面自動鉋等設置於集塵機附近，這樣集塵機就能使用粗管，以強大的吸塵力有效率地輸送大量木屑。

集塵效率差的話，手壓鉋、單面自動鉋等會容易累積木屑，這樣每次都需要清理木屑。

管線比起設在地板下，設在天花板、牆面等處較佳，當需要處理木屑塞住、增加管線與修改分支時會比較輕鬆。

若是開始作業時才想要改變機械的位置，前述做法會比較有彈性。

◆以我的工坊為例

接下來思考實際的設置問題。不過我也只有兩次經驗，一次是學藝的工坊、一次是自己打造的工坊。所以對於都會中周邊的噪音防治、粉塵無法排到室外等情況不是很清楚。

就工坊開設的地點，我的經驗或許沒有太多的參考價值，希望讀者擷取其中有用的點子即可。

我以前曾經使用過集塵袋會膨脹的類型，現在換成旋風式。集塵機的機體是從原本那台集塵袋會膨脹的機器拆過來使用（參照第119頁的照片）。

集塵機機體與旋風器的接管口都是150mm，連接內徑約150mm（150是標稱直徑，只是標稱，實際上略大一點，所以進得去）的風管。

最重要的旋風器是向木工機械店家訂購了符合集塵機機體馬力大小的產品。這台旋風器在設計上，是將集塵機機體裝設在進氣那一側。

此外，排氣那一側裝有控制風壓的開關，可調節風量讓木屑與排氣妥善分離。

整個旋風器與集塵袋加上排氣管，從地面到天花板約高3m。

在旋風器的下方裝上專用的厚塑膠袋，一按就可以拆下，滿袋後能夠輕鬆更換。

設置上，整個旋風器的高度加上集塵袋的高度，以我的工坊為例必須要有3m，因為集塵袋是會膨脹的類型，室內高度必須更高。

有些工坊會把集塵機機體與旋風器裝在室外，如此一來會有噪音，集塵機也會比放在室內更快劣化。

集塵設備放在室內，就不需要擔心噪音、劣化等。集塵袋若是透明的，容易觀察是否已經裝滿。

集塵設備放在室外，若是沒注意到集塵袋已經滿了而繼續集塵，旋風器內會充滿木屑。再繼續下去，木屑在未分離完全的情況下從排氣口排出，排出口會留下堆積成山的木屑。這是太專心在削切，沒有適時停下作業而可能導致的麻煩。

這種狀況下，旋風器中的木屑不會自己掉落，要拿棒子從下面往上戳，去除阻塞的木屑。我的工坊環境附近農家會來拿取收集起來的木屑，回收利用鋪在酪農的牛舍、平面飼養的雞舍等處。

除此之外，本工坊冬天的保暖方式，會把木屑跟沒有其他用處的廢木料一起當做柴火爐的燃料。因為不缺燃料，應該很多木工師傅的工坊都是用柴火爐。

將兩張相疊的報紙像雪茄那樣捲起來，再放進柴火爐。一開始就放進去的話會燒不起來，等到變烈火後再放進去，就會逐漸崩解慢慢燒起來。

就算是礙事的木屑，也能夠回收利用當做燃料，不會變成產業廢棄物。不僅可以減少處理廢棄物的成本，還能讓冬天也有舒適的工作環境。

花心思處理配管

集塵用的管件主要是PVC-U管（聚氯乙烯製），我想個人工坊中有不少是以PVC-U管加上風管來使用。

PVC-U管比鋅管便宜，大概是因為在居家裝修中心就可以買到各種尺寸、各式接頭、歧管塊、固定零件等，也容易切割。

本工坊使用連接標稱直徑100與標稱直徑65的PVC-U管，再組合風管使用。

購買PVC-U管時請注意，標示的標稱直徑與實際的直徑不同。

標稱直徑100的PVC-U管，實際測量的外徑為114mm、內徑為107mm。

內徑100mm（外徑114mm）的風管連接PVC-U管時，中間加上標稱直徑100的PVC-U管的接頭（內徑114mm），外徑與內徑的大小就會一樣，得以連接。

雖然會產生些微縫隙，但因為只有一點點，用矽利康填縫劑填補即可。

標稱直徑65mm的PVC-U管，其外徑為76mm，可完美連接標稱直徑75（內徑76.5）mm的風管。

考量到無論哪種直徑，因為製造廠商不同多少會有差異，還是確定尺寸後再買齊比較好。

連接管件的方法，先是在集塵機機體裝上直徑100mm的歧管。

因為歧管的方向無法配合牆面的管件，所以使用風管將其沿著牆面。

分歧的其中一條管件，延伸至建築物西側的機械管道，連接立式裁板機、雕刻機工作台、砂帶機等。因為還有餘裕，可以拉得更長。

為了固定在牆面上，可使用稱為管夾的U字型五金零件，以木螺絲固定。這類五金

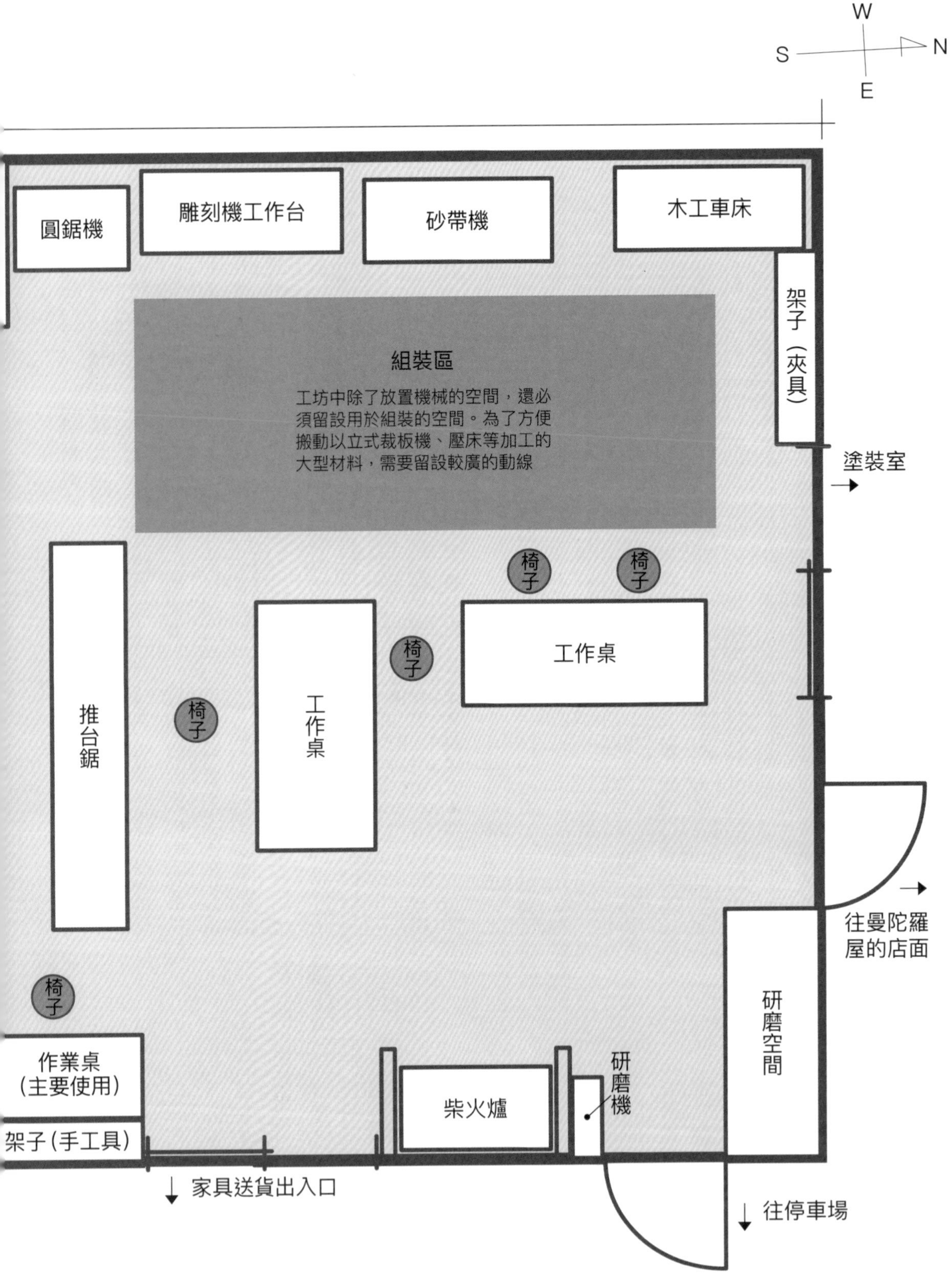
W
S
N
E
圓鋸機
雕刻機工作台
砂帶機
木工車床
架子（夾具）
組裝區
工坊中除了放置機械的空間，還必須留設用於組裝的空間。為了方便搬動以立式裁板機、壓床等加工的大型材料，需要留設較廣的動線
塗裝室
椅子
椅子
椅子
椅子
椅子
工作桌
工作桌
推台鋸
往曼陀羅屋的店面
研磨空間
研磨機
柴火爐
作業桌（主要使用）
架子（手工具）
家具送貨出入口
往停車場

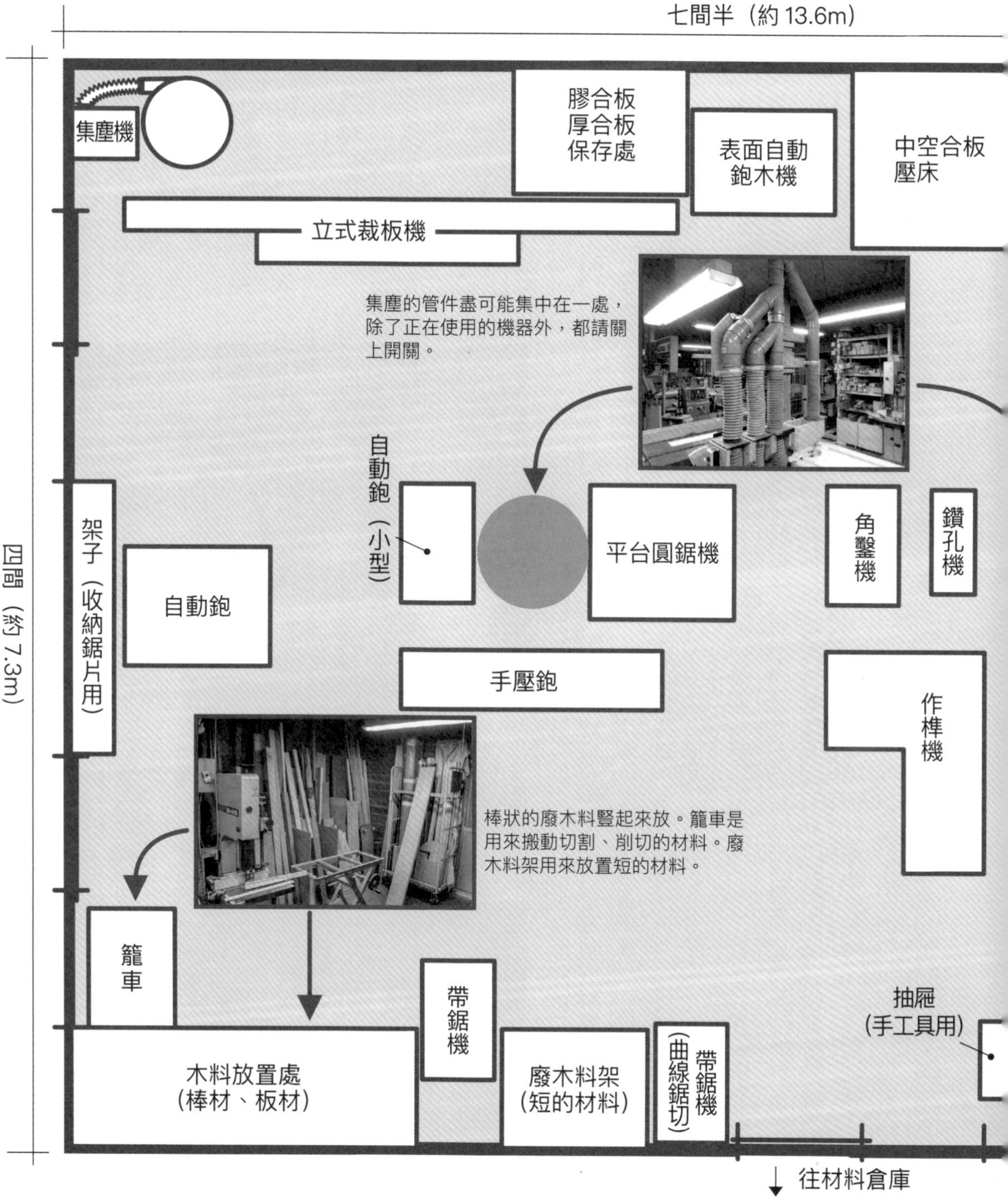
七間半（約 13.6m）
四間（約 7.3m）
集塵機
膠合板
厚合板
保存處
表面自動
鉋木機
中空合板
壓床
立式裁板機
集塵的管件盡可能集中在一處，
除了正在使用的機器外，都請關
上開關。
自動鉋（小型）
平台圓鋸機
角鑿機
鑽孔機
架子（收納鋸片用）
自動鉋
手壓鉋
作榫機
棒狀的廢木料豎起來放。籠車是
用來搬動切割、削切的材料。廢
木料架用來放置短的材料。
籠車
帶鋸機
抽屜
（手工具用）
木料放置處
（棒材、板材）
廢木料架
（短的材料）
帶鋸機
（曲線鋸切）
往材料倉庫

零件有各式規格。

若要改變管件方向，可加上四十五度的彎管，或是在該處使用風管。

另外，改變管件方向時，可以在四十五度彎管處加上四十五度接頭，一側蓋上蓋子封閉住，使其跟四十五度彎管有同樣功能，當木屑堵塞時，就可以打開蓋子清除木屑。

此外，如果無法順利改變PVC-U管的方向，使用風管會較容易彎曲。

要改變PVC-U管的方向或分歧時，一定要加上四十五度的接頭。如果是九十度的接頭，通過的木屑無法轉彎九十度完全通過，一定會卡住而塞在這個地方。

雖然一時之間會向前通過，但如果是手壓鉋、單面自動鉋，接續進來的木屑會加速堆積和堵塞。為了避免這種情況，使用四十五度的接頭以維持集塵效率。

PVC-U管連接PVC-U管時不會有空隙，所以不需要接著劑。優點是隨時都可輕鬆變更配管。

與機械的連結透過風管來進行，會便於機械微調位置和維護保養。

如單面自動鉋等機械，安裝上專用的罩子後再連接風管，沒有罩子就要自行製作。

此外，針對每一台機械設置開關，只打開正在用的機械的開關，關閉其他機械的開關，集塵就能發揮最大效果。

開關有塑膠製、金屬製等

從集塵機分歧出來的管件，沿著天花板連接立式裁板機等機械。牆面髒污是靜電造成。

以U型管夾固定在牆面上。連接PVC–U管則用100mm的延長接頭

要改變PVC–U管的方向時，務必要用45度的接頭，不一次彎曲90度。

市售產品，但並不清楚是否所有種類的風管規格都有依其規格製作的產品。

將開關的位置大致設在同一處，使用時的關開管理就會比較容易。

若要在PVC-U管與風管的連接處設置開關，也可替換風管與PVC-U管的管蓋（End Cap），蓋上蓋子即可，這種做法成本較低。這樣就不需要保養。

若不使用PVC-U管，雖然鍍鋅管的成本較高，但更為安全。

如果是由專業廠商施工，他們會配合集塵機的馬力來設計集塵設備，因此不會降低集塵效率。

PVC-U管的缺點與粉塵爆炸

使用PVC-U管的配管方法如前述說明，但也不是沒有缺點。

PVC-U管容易產生靜電，若是強力靜電讓管件內帶電，也不是不可能發生粉塵爆炸。靜電會吸引漂浮的粉塵，甚至黏在管件周邊，請以空氣噴槍清除。

只不過我從事木工將近四十年，跟全國各地的人士都有交流，尚未聽過認識的木工相關廠房、工坊發生過粉塵爆炸。

詢問木工機械店家，他們的說法是個人工坊的集塵規模很難發生，不過如果是大型集塵設備且持續運轉之下，偶爾會發生。

以個人工坊的規模，似乎很難因為靜電產生火花，在強烈氣流中使溫度上升達到木材的燃點，所以不容易導致連續燃燒。要防範靜電可在管件內加入銅線等來接地，但無法完全消除靜電。

此外，只用風管集塵時，因為材質與PVC-U管一樣都是聚氯乙烯，同樣會產生靜電。

也就是說，鍍鋅管會比較安全，大型工廠主要會使用鍍鋅管。即便如此，還是罕有粉塵爆炸發生。

再稍微說明一下粉塵爆炸。吸入可燃性的噴劑等時，若在集塵機內破裂，也有可能因破裂時的火花引發粉塵爆

單面自動鉋的排出罩。使用風管連接PVC–U管。沒有的話要自行以合板製作。

在每台機械的排出口裝上開關，以維持集塵效率。

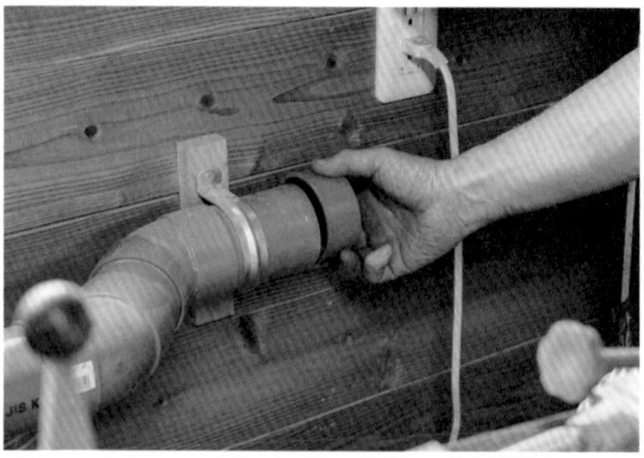

拔掉風管，蓋上PVC–U管的管蓋。不同機械的位置都不一樣，效率不佳。

炸，但我想機率應該是大於靜電引發的爆炸。

為了避免吸入異物，從機械排出的木屑用集塵機吸取，掉落地面的木屑則盡量使用專用的吸塵器。雖然看過有人將風管當做吸塵器使用，但這是吸入異物的最主要原因，也是導致集塵機損壞的原因，所以建議分開使用。

以前我還在用過濾式集塵機時，該機器曾經吸進了20cc的瞬間膠。

因為無法及時停止被吸進去的瞬間膠，導致撞到渦輪後破裂，氣化的刺激性氣體瞬間散布整個工坊，讓我的眼睛張不開，感到危險而飛奔到室外。此外，渦輪也可能是吸進了木片，讓扇葉歪掉。

誰都有可能因為太專心在工作，不小心犯下無心之過。不過盡可能地防患未然，並非沒有意義。

選擇可以信賴的木工機械店家

專業的木工機械通常是大體積，幾乎不可能一個人獨力搬進工坊。

機械採購也是。個人開業的木工師傅幾乎沒有人是全部購買新品，大部分是從木工機械店家購買經過整理的二手機械。

最近似乎連網路拍賣網站都有販售二手機械，考慮購買之後的來往，如安裝、機械保養、操作方式諮詢等，還是在專業店家購買會比較安心。

我經營的工坊在長崎縣的佐世保附近，若有想要的機械，就會去諮詢已來往約三十年的鄰近店家。

二手機械並非總是有貨，也會有想要的性能機械無法馬上到手的情況，不過只要跟店家說明需求，他們就會幫忙尋找，並在進貨後立即跟我聯絡，幫了我非常大的忙。

這類店家的專業知識也很豐富，當我有什麼疑問時，他們也樂意提供諮詢。建議保持這種面對面的來往關係。

希望選擇可信賴的木工機械店家，從送貨到安裝都能幫忙。

電動工具的種類與用途

用來製作家具的電動工具

如同先前所述，專業木工需要從削切木材做起。也就是說，要開始專業的木工，就需要使用與專家所用的性能規格相當的機械。

因為是專業的機械，所以前面花了許多篇幅說明。至於DIY用的電動工具，專業木工作業中當然也會使用。

只不過，先決條件是工坊內必備的機械已經齊全。舉例來說，不會從事無法講求精確度的加工，如以電鑽起子機鑽垂直的圓孔等。

最適合垂直鑽孔的是鑽孔機，至於要在組裝好的家具上鑽孔、固定木螺絲，眾所皆知，電鑽起子機、衝擊起子機這些可自由移動的電動工具，其便利程度遠勝固定式機械。

又或是要裁切長板材等的橫斷面，比起特地把沉重的材料搬到機械旁，拿電動圓鋸機過來鋸切更輕鬆。

只不過，這些在DIY界常見的電動工具，不會拿來處理超越其性能的加工。一般來說，會認為使用上要符合原本的使用目的，加上家具工坊使用的闊葉樹材較堅硬，至今為止沒問題的加工也可能在操作上變得相當危險。

當然也有如木工雕刻機、修邊機這種為了求穩定加工，而將機器固定在工作台上使用。這類工作台因為是市售商品，所以這種使用方式算是很常見。

除此之外，電動工具的種類可以是有線式與充電式，前者使用單相電100V的電源，後者使用充電電池。

在工坊內加工時，電源供應無虞，有線式機種應該沒問題。雖然比起充電式，可選擇的機種數較少，不過便宜又馬力強大，也不需要擔心備用電池，購買上應該沒什麼負擔。

另外如木工雕刻機等，部分機種只能使用AC（交流電）100V。

相對而言，充電式的工具可不受電線限制，使用方便。整組工具內含充電器、兩顆電池的商品配置，最近愈來愈常見。電池容量也變大了，已經很少因為要等充電而中斷作業。

再加上近年來的電壓愈來愈高，功率已經等同AC100V。同一廠商的產品，若電壓相同電池可以共用。只要購買機體，不同類型的機種也可以使用共通的電池，整體成本相對便宜。

未來電池功率應該會更為提升，體積愈變愈小。這麼一想就覺得充電工具還會不斷進化。

電鑽

在電動軸前端的夾頭裝上鑽頭，以在材料上鑽孔為目的。雖然看起來功能類似電鑽起子機，但電鑽單純是專門用來鑽孔的機械。

試著鎖螺絲就會知道，高速機種的轉速太快，低速機種沒有煞車會轉過頭，所以無法以電鑽鎖螺絲。

雖然在鑽孔正確度、切削能力、加工面的美觀，都比不上鑽孔機，不過鑽孔深度若是超過鑽孔機最大進給能力、材料無法放在鑽孔機的工作台上，就會使用電鑽。

做為沒有鑽孔機時的替代品，也有簡易的電鑽架。不過考量家具工坊中的加工，精確度、美觀上都有其極限，且功能有限，遠不及鑽孔機。

電鑽所使用的木工鑽頭，該鑽頭不能是供鑽孔機使用、且前端沒有螺旋錐的鑽頭。電鑽是藉由前端的螺旋錐，以其轉動的力驅使刀刃來鑽孔，使用上有必要區分木工用鑽頭、鑽孔機用的鑽頭。

用電鑽鑽大的孔時，如果不裝輔助把手，當鑽頭鑽入木材的瞬間鑽頭會停止，就算放開板機開關，也會因為沒有煞車，導致手腕扭轉、傷及肌肉等傷害，相當危險。

使用大直徑的鑽頭在闊葉樹材上鑽孔時，為了抵抗力矩，請務必裝上輔助把手。

本工坊備有小型的高速型與中型兩種。要在小器物上鑽出大量預鑽孔時，小型的高速型非常好用。中型的是震動水泥電鑽的兼用機種，現在幾乎沒在使用。

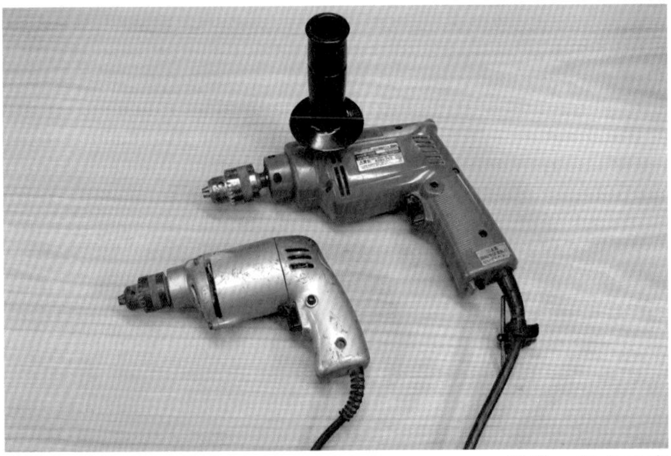

電鑽。在木工中主要是用來預鑽孔，或是在無法使用鑽孔機時使用。

電鑽請務必使用前端為螺旋錐的鑽頭。

電鑽起子機

顧名思義，使用方法有起子與電鑽兩種。

前端的夾頭裝上鑽頭，在完全穩固的狀態下使用。供DIY使用的有部分是100V的規格，不過無線充電式較常見。

雖然電池容量變大，但在加工中電池也可能會沒電，請準備好備用電池。

就起子來說，有用的是逆轉功能、煞車、離合器。離合器是指當鑽頭受到一定程度的力，超過時馬達動力會被離合器關閉，鑽頭停止轉動。藉由煞車與離合器的作用，可防止螺峰崩牙、或是螺絲頭被埋入軟質材料的材料表面。離合器可以改變強度，也可以設定成不使用。

就電鑽來說，有用的是變速、煞車。可視情況，使用以加工效率為優先的高轉速；或使用低轉速提高扭矩鑽大直徑的孔，也能減少電池消耗。

煞車可幫助在指定的深度停止作業、防止貫穿時的毛邊等。在拔出鑽頭時使用逆轉功能，即使因木屑卡住不可動彈也能拔出鑽頭。

考慮到電鑽起子機多元的功能，勢必會減少在家具工坊中使用電鑽的機會。一般來說，型錄資料上標示的鑽孔能力，是指直接在建材上鑽孔的能力。在家具工坊中，直接在闊葉樹材上鑽孔時，有時會達不到型錄上的數字。

還會因材種有所不同，跟鎖螺絲一樣，預鑽孔後再使用鑽頭，可能會達到型錄上的數字，或是發揮出更大的力。

本工坊備有鑽孔機與中型電鑽，所以是用比較小型10.5V的電鑽起子機，主要是當電鑽使用，用來預先鑽孔。

依據型錄資料，如果是最新機種，即便是10.8V的規格，在木材上的鑽孔能力也有38mm。18V的話可能鑽到50mm。今後隨著電池功率的提高，作業能力應該可以更加提升。

電鑽起子機。功能多元，希望能備有一台。

擰緊螺絲前，請務必預鑽孔。

使用充電式機種，要準備備用電池。

衝擊起子機

衝擊起子機是在旋轉方向施加連續鎚擊，在擰緊、旋鬆螺絲時，比電鑽起子機更有效率。因為也對軸方向施加打擊力，螺峰較不容易崩牙，是為目前擰緊螺絲的主要電動工具。

不像電鑽起子機有離合器機能，無法切換扭矩、高／低轉速等。在製作家具時搭配鑽孔機使用，幾乎能應付所有的鑽孔作業。

備有許多的配件，若安裝鑽夾頭，就可以使用鑽孔機的鋼鐵鑽頭到DIY商店逛逛就能發現產品種類繁多，也應該就能認同衝擊起子機在木工作業中有多麼重要。

常用的是充電式，就算只有AC100V也不會馬力不足，使用上不會有問題。若要選擇鑽孔、鎖螺絲的電動工具，通常會購買這台衝擊起子機。

◆使用方法

家具工坊中使用的材料主要是闊葉樹，鎖上小螺絲時一定要預鑽孔。

闊葉樹材比建材更硬，若不先預鑽孔就直接鑽孔，可能會導致材料裂損、螺絲斷頭等嚴重問題，務必要配合螺絲直徑預鑽孔。

螺絲有各式各樣的種類，製作家具所用的螺絲，主要有割尾、半螺牙、附頭下齒等種類。

以下是這幾種螺絲的特徵：

割尾：螺絲尾端有縱向切痕，在鑽入木材時表面較不容易裂開。

半螺牙：僅螺絲尾端到中間左右的位置有螺紋，在固定複數材料時，螺絲不會對最先鑽入的材料起作用，而是有著將固定的材料聚在一起的效果。

附頭下齒：在螺絲頭部背面（十字孔的內側）設有突起，螺絲頭部較容易進入木材中。要讓螺絲鎖得確實且美觀，視情況分別使用這些螺絲就能確保鎖緊。還有，在螺絲尾端塗一點油，在鎖入時會更輕鬆。

衝擊起子機。在木工作業裡，是經常使用來鎖螺絲、鑽孔等的工具。

左是喇叭頭，右是附頭下齒。

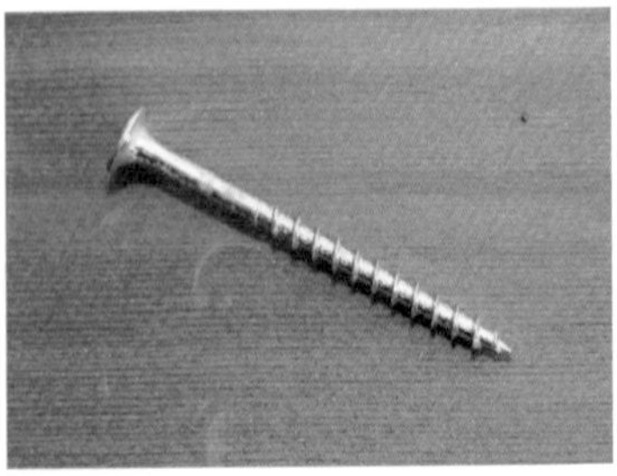

半螺牙。

割尾。

如果起子頭的前端磨損，會容易滑頭或在十字孔空轉。因為起子頭的前端磨損容易導致作業失敗，所以必須定期更換。還有，使用不符合十字孔大小的起子頭，十字孔會因此崩牙。

起子頭如果過長，可能會因為本身的張力而從十字孔滑掉。除了因為會碰撞到機體而無法垂直擰緊螺絲時，請選擇較短、容易使用起子頭。

鎖螺絲的方法，第一步是將螺絲垂直釘入，此舉可防止螺紋崩牙、從螺紋脫落傷及材料表面。以左手扶著螺絲，由上面與側面觀察衝擊起子機，檢查軸是否完全垂直，並以慢速開始擰轉。

如果轉到一半，螺絲頭部的十字孔好像快崩牙了，不要遲疑馬上更換螺絲。預鑽孔若是太緊，請更換預鑽孔徑較大的規格。俗話 欲速則不達，不要怕花時間、精力才是朝向成功的捷徑。

直到將螺絲完全轉進去前都不能放鬆，轉進去後，如果在轉動狀態下拔起起子頭，會造成起子頭磨損、或螺絲的十字孔崩牙等麻煩。在轉到最後階段時，請調慢速度，為了不轉過頭而空轉，最後要一下、一下按壓板機開關，讓螺絲可以鎖得鬆緊適中。

此機械有多功能的機種，還能夠調整打擊力的強弱。配合螺絲的材質、起子頭的規格設定，就能減少螺絲頭部的十字孔崩牙的情況。

本工坊使用 10.8V、14.4V、18V 的衝擊起子機。鎖螺絲時會先預鑽孔，幾乎所有的螺絲都可用 10.8V 處理。需要馬力來鑽孔時，也會用 18V。此外在工坊內，要將層板等裝到櫃體上，也會使用 14.4V、18V 的機種。

左手扶著螺絲，確定軸為垂直。

此為十字孔與起子頭規格不合的例子。一定要使用相同規格的起子頭。

電動鉋刀

●結構與簡介

裝在鉋刀頭的鉋刀片，以高速旋轉鉋削材料表面，機制同於手壓鉋。在家具工坊的使用有限。

本來是要以兩手按壓的工具，若是單手即可按壓的重量，有鉋削寬度為110mm左右的機種，操作輕鬆，可鉋削整塊的原木板。

電動鉋刀。在有手壓鉋的家具工坊中，使用機會有限。

小型機種中也有充電式的，現行機種的鉋削寬度較窄，在家具工坊中的使用有限。鉋刀片有更換式與研磨式兩種，沒有兩者皆可使用的機種，在購買時必須擇一。

有些研磨式的刀片會附上可自行研磨的研磨治具。結構上不像木工機械，安裝刀片並不難。

同於手壓鉋，鉋削時會產生大量木屑，可以接上集塵管。用來裝在集塵管上的連接用配件，各家廠商均有提供，可自行選購。

要鉋削的木材，表面若有髒污，就會有非常大量且骯髒的粉塵飛散在工坊中。

無法集塵時，為了健康著想，務必戴上防塵口罩。

●危險性、注意事項

使用某些配件，也可將電器鉋刀翻轉過來，當做手壓鉋使用，但不適合如拼接板等需要精確度的平面加工。此外雖然方便，卻存有可能會受傷的危險性。

基本上，電動鉋刀是以兩手按壓使用的工具，除非使用不當，理應不會受傷；不過體積小並不代表就不會受傷或絕對安全。鉋削一大塊的原木板時，不像手壓鉋、單面自動鉋等可以克服逆紋，鉋削時請注意木紋方向。無法避免逆紋時，請減少鉋削量或放慢鉋削速度，可減輕問題。

也有許多無法完全克服逆紋的木紋，這種情況就必須以平鉋鉋削整塊木板，是費時費力的作業。

要完全抑制整塊原木板的逆紋並打造出平面，使用以下方法較簡單：製作導尺並將其當做滑軌，然後將雕刻機當銑床使用。

●本工坊持有的機種

本工坊使用寬110mm與寬90mm兩個機種。

如果沒有接上集塵管，大量木屑會亂飛。

很少使用110mm的機種，但可用於切割木材前，鉋削因乾燥變黑且骯髒的表面；檢查顏色、木紋時；將大片板材大致鉋削成平面時。

我擁有的90mm機種是曲面的電動鉋刀，使用機會有限。只不過，是加工工序不可缺少的電動工具。例如，要將桌子兩端留有樹皮的部分沿著年輪鉋削時的粗加工。又或是，將椅面加工成凹面時一開始的粗加工，使用曲面部分鉋削出凹處。這兩種加工，曲面電動鉋刀都可以發揮作用。

電動圓鋸機

在設有平台圓鋸機、推台鋸等的工坊中，電動圓鋸機的用處，相較於正確地鋸切，反而是用來切割木材橫斷面，或是帶鋸機裁切割成預定寬度後，切割成構件所需長度。

通常用在橫斷面卡進沙子或顆粒時，在開始切割木材前先切掉橫斷面，所以本工坊是把電動圓鋸機放在手壓鉋附近。還有大型桌等拼接後，用於削齊橫斷面。鋸片直徑的種類豐富，考慮到是在家具工坊使用，常見的鋸片直徑165mm、切割深度65mm的機種已經足夠。

也有集塵式的機種，但因為不是為了在粉塵量少的裝潢現場使用，而是以在家具工坊內使用為前提，較不重視集塵。所以不會有多餘的管子，安全性較高。

如果只是DIY程度的鋸切，可以輕鬆完成。而家具工坊使用的闊葉樹材，因乾燥造成的反翹、彎曲嚴重，愈往內鋸鋸片愈可能被夾住不動，導致無法把圓鋸拔出來。鋸切厚板時特別容易發生這種情況，在鋸切時必須有所防範。鋸切時不能單以目測進行，務必以原子筆、鉛筆等畫上筆直的線，沿著該線段鋸切。此外如果是厚板，依深度分兩次來鋸切也很有效。

要鋸切長切口時，可能會在切斷那一瞬間因重量使某一側產生裂痕，而無法依計畫切割。所以在切斷前，先在木材前端的下方墊上廢木料，避免出現裂痕。

使用有線式電動圓鋸機時，請把連在圓鋸機上的電線掛在肩上，留意不要讓電線碰到鋸片。電線要夠長，以免在要切斷的位置前，電線就不夠用了。而電線只要稍微碰到轉動的鋸片就會破損。

有時會看到有人用絕緣膠帶把斷掉的電線黏起來，但還是更換零件比較安全。針對這點，充電式不會有電線造成的麻煩，讓人安心。

目前已有與100V性能相當的機種，可列入選項。

經過乾燥的木材表面有著污損，鉋削表面來檢查木紋、顏色等。

使用曲面電動鉋刀，鉋削留有樹皮的板材側邊。

電動圓鋸。是至少要準備一台的基本工具。

切割木材時的橫斷面切除等，便於使用是電動圓鋸機的魅力。

●危險性、注意事項

圓鋸機是容易導致受傷的電動工具，在操作時必須十分小心。

每一次都要檢查安全護罩是否開闔順利，切記不可以戴手套。

應該要用手工鋸的鋸切加工，不要貪求作業速度而使用圓鋸機，或直接用手拿著小木塊來鋸切，請在遵守基本安全守則下使用。

也曾經聽過有人肚子不小心被圓鋸機切到，腸子好像快掉出來，只好壓著肚子去醫院。搞不清楚到底怎麼弄成那種狀態，但也不是不會發生這類百思不得其解的意外。

●本工坊使用的機種

雖然在家具工坊中使用圓鋸機的頻率並不高，卻是不可或缺的電動工具。

本工坊持有190mm、165mm、14.4V的充電式125mm。

190mm是工坊草創時購買的機種，已經過了近三十年，現在用起來還是跟當初的性能一樣好。

電線掛在肩上，注意不讓它接觸鋸片。

目前主要使用的是直徑165mm、切割深度65mm的機種。比起190mm小型，切割深度與190mm程度相當。考慮到在家具工坊使用，輕巧、容易操作，使用上也沒問題。這是工匠常用的機種，也是廠商主推的規格。

主要用在切割木材時的橫斷面切除、依構件長度切割材料、將製材廠買的木材依所需長度切割。偶爾會用在桌板的傾斜切割，此時會製作導尺來使用。非洲紅木的切口只要用手鉋刀鉋過幾次，就能在切斷時保持平整。

充電式14.4V、直徑125mm的機種，主要是用來在合板上切出切口等的輔助作業。要切割木材則必須用18V。

為了能有漂亮的切口、不燒焦的切口，必須定期研磨鎢鋼鋸片，所以需要準備備用的鋸片。

鎢鋼圓鋸片的研磨請務必要委託有自動研磨機的專業廠商。手動研磨無法將左右的刀刃磨成同樣高度，高度不同則切口會歪斜，會在切口出現許多刀痕。

手提線鋸機

主要是用來曲線切割，家具工坊中，基本上會在帶鋸機裝上曲線用的鋸片，所以大多會用帶鋸機來切割曲線。

無法放置於帶鋸機工具台上的大片板材等的曲線切割，或是去除環狀內側部分等的加工，就會使用手提線鋸機。

薄板的話，可以沿著彎曲的切割線切割。但因為線鋸機結構上的特性，鋸片只以上方支撐，當曲線彎度大時，材料愈厚則背面愈可能偏離切割線。

用手提線鋸機切割時，必須隨時檢查背面的狀態。

只要開始偏離，偏差就會愈來愈大而無法回到原軌，因此需要從外側將不需要的部分切掉，將刀鋒修正成垂直。要去除環狀的內側部分時，事先以鑽孔機在不需要的部分上鑽孔。

因為手提線鋸機有這些特性，不適合在厚板上切出曲線這種家具工坊等級的加工。要切割出正確的直角，可以用合板製作加工界線的模板，先以手提線鋸機鋸切，再於木工雕刻機裝上帶滾珠軸承的直銑刀來切割。如果能分別使用兩種帶滾珠軸承的木工雕刻機銑刀來切割，就連50mm的厚板材都可以處理。

我原本有14.4V的充電式機種，切割合板、薄板等沒有問題，切割闊葉樹材等阻力很大，導致電池消耗很快，似乎不適合長時間切割。

更以前我也有一台100V規格，但要處理家具工坊這種阻力很大的切割，我想AC100V較適合。

雖說如此，如果是考慮要在家具工坊內使用，並不需要一開始就準備手提線鋸機，而是優先使用帶鋸機的曲線鋸，等到一定要用手提線鋸機加工時，再考慮購買即可。

手提線鋸機。是在手工藝式木工時很方便的工具。

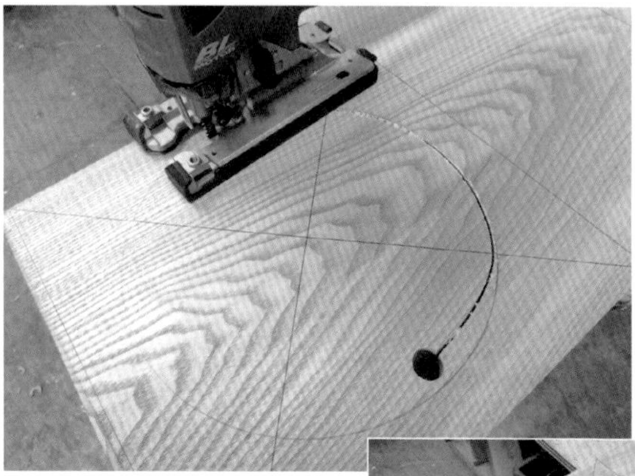

切穿厚材時，背面可能會偏離切割線。照片是為了拍攝，在背面也畫上了線。

木工雕刻機、木工修邊機

木工雕刻機的轉速超過20000轉以上，與修邊機有著同樣結構，都屬於大型的電動工具。

相對於修邊機，雕刻機可以安裝更大直徑的銑頭，前者的柄是6mm（柄徑），後者是12mm，馬力也更為強大。

因此，即使修邊機的馬力不夠而無法加工的闊葉樹厚板，也可以用雕刻機來加工。使用椅座的模板，加上帶滾珠承軸的銑刀，就能有效率地削切出好幾張帶曲面的椅座。

特別是要製作公榫部分的帶斜切面的鳩尾榫條時，使用雕刻機工作台，就能製作出有著和緩楔形斜度的鳩尾榫條。

因為本工坊有製作專屬的治具，加工鳩尾榫條、鳩尾槽時並不麻煩。例如要在堅硬的櫟木桌板上鑿出鳩尾槽，也完全不需要以手工具整修，就能插入堅硬的鳩尾榫條。

在家具工坊中如能純熟地運用治具與雕刻機，就能拓展家具的表現形式、製作範圍，這種說法一點也不過份。也可實現手工具、木工機械等無法

木工修邊機（左）與雕刻機（右）。可取倒角、鳩尾槽加工等，是家具工坊的必備工具。

自行製作的雕刻機工作台。為了要加工有斜切面的鳩尾榫條，把工作台與導板做得很長。

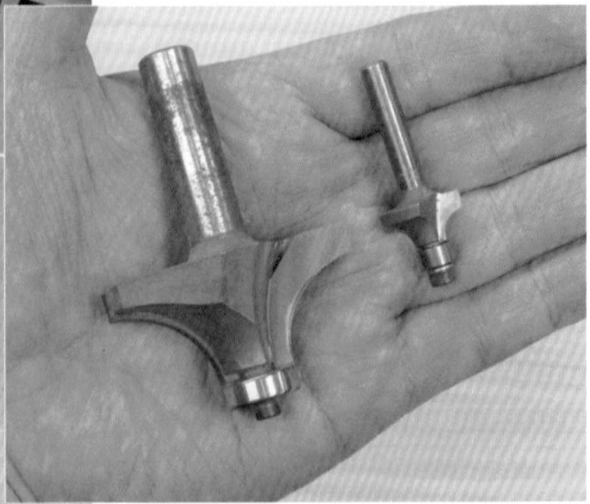

雕刻機與修邊機的銑刀軸徑的差異。要在堅硬的闊葉樹材取大型倒角，必須有雕刻機的軸徑。

達成的加工精確度，且縮短加工所需時間。無論雕刻機或修邊機，經常會將底座固定在工作台上，並在工作台上裝設能夠移動的擋板，當做雕刻機工作台、修邊機工作台使用。可選擇各家廠商販售的配件，也有其他廠商的市售產品，不少人會自行製作，本工坊也是自行製作。雕刻機是馬力強大的電動工具，可裝上大直徑的銑刀。也因此，可能發生比修邊機更嚴重的反彈，在逆紋的木紋處，其鑿入部分會大大裂開。只要分數次切削、減少切削量，就能避免這種情況。

雕刻機、修邊機的銑刀可以重新研磨。可能有些業餘者不知道可以重新研磨，只要用新品的幾分之一的價格，就能讓銑刀恢復與新品同等的鋒利。

要注意的一點是，研磨可能會讓刀片形狀稍微改變。弧面的R（圓弧）變小、直銑刀的直徑變細等，若可能會影響加工作業時，建議使用新品。

以砂紙研磨後，再加工砂磨過的部分，殘留在木材表面的研磨顆粒可能會讓銑刀的壽命變短，需要提前重新研磨，需要多加注意。

移動擋板，讓銑刀露出部分等同削切長度。加工小型構件時，縮小擋板開口與刀鋒間的縫隙。

固定雕刻機底座的倒裝板是使用市售產品。

把切割機的虎鉗改用來支撐、升降雕刻機。

砂紙機

這是最一開始就要準備的砂磨機器。以裝上的底盤面，藉由細微的圓周運動砂磨材料的表面。雖然砂磨性能比其它砂磨機更差，家具工坊在表面拋光時會使用鉋刀，但如果有砂紙機就無所不能。

製作家具時，是在塗裝前用來基材拋光研磨。

注意不要讓工具傾斜，不然砂磨部分就會歪斜。因此要仔細觀察砂磨部分，在作業時同時檢查按壓位置。

砂紙機。大多用來拋光塗裝前的基材。

底盤的大小剛好是市售的砂紙的二分之一、四分之一或六分之一。砂紙機的底盤是砂紙容易裁切分割的大小。有夾住市售的砂紙使用的類型，也有將砂紙黏在做成魔鬼氈的底盤上的類型。前者的使用成本較低。

在砂紙機裝上乾磨用的砂紙，就能將基材打磨平整。

如果是透明的塗裝，表面打磨時以#180來砂磨。如果要油漆上色，顏色會滲進細微的圓形磨痕裡，仔細看會發現留有圓周運動的磨痕，因此會提高號數使用# 240。

在最後階段若換上新砂紙，原本應該消失的小圓圈會再次出現，所以建議在不更換砂紙下仔細打磨整件作品。

本工坊不使用大型砂紙機，使用的是四分之一、以及六分之一砂紙大小的機種。在組裝之前，要研磨小構件的機會變多，此時如果砂紙機不穩定，構件的邊角會被磨掉，無法維持原本乾淨的線條。

此外，有時也會在組裝後才砂磨，大型機種若不用雙手操作就不好使用。如果要用在寬廣的平面以外的地方，可單手使用的砂紙機應該比較方便。

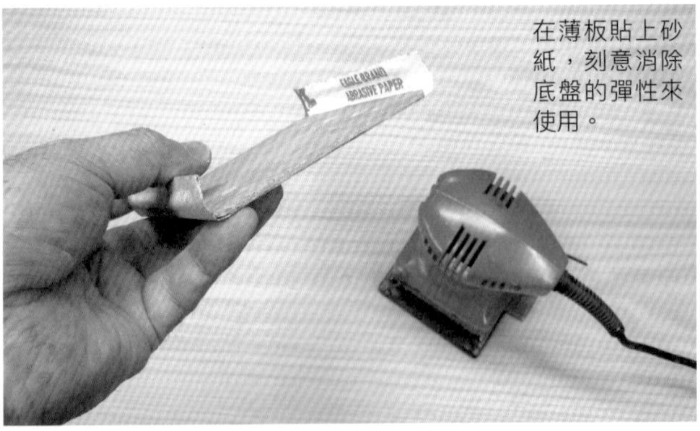

在薄板貼上砂紙，刻意消除底盤的彈性來使用。

砂紙機特有的問題，是在以砂紙機完成平面砂磨後，用手指去觸摸年輪界線，可能會產生凹凸不平的現象。尤其是年輪界線有著許多導管的水曲柳山形紋板、以及DIY所使用的松木材，都容易出現這種情形。

說是砂紙機特有的問題，不如說原因是出在底盤。底盤愈柔軟，就愈容易導致發生前述情形。

操作砂紙機時，一開始會均等地砂磨，堅硬的年輪較難磨掉，柔軟的部分很快就會被磨平，底盤的彈性吸收這樣的速度差距，讓表面變形。特別是愈柔軟的底盤愈容易發生這種現象。

為了避免這種情形，在砂紙機夾上砂紙之前，先將薄板切成跟底盤同樣大小，並把邊角削圓。砂紙背面交叉貼上不會殘膠的雙面膠，貼到薄板上，再裝在砂紙機上來砂磨。

這種做法，不管年輪多硬都能砂磨成平面。即使留下階梯狀痕跡，只要用空氣噴槍將粉塵吹掉，就會跑出明顯條痕，砂磨到痕跡完全消除並不需要花太多時間。

砂帶機

雖然與木工機械中固定式的砂帶機同名，這種砂帶機卻很輕巧。

很難跟砂紙機一樣可用單手操作，要研磨組裝前的構件時，構件愈小就愈不適合用砂帶機。

不過在砂磨桌板時，就能大大發揮作用。底盤部分為金屬製，表面研磨時不受制於年輪。或許很適合不擅長以鉋刀完成表面研磨的人。只不過，安裝在機體上的砂帶是以高速轉動，老是停在同一個地方砂磨，等塗裝完成後那一部分會看起來反光不均。又或是未使用足夠號數的砂紙研磨，就會留下條狀磨痕，最後需要稍微用砂紙機輕度拋光。

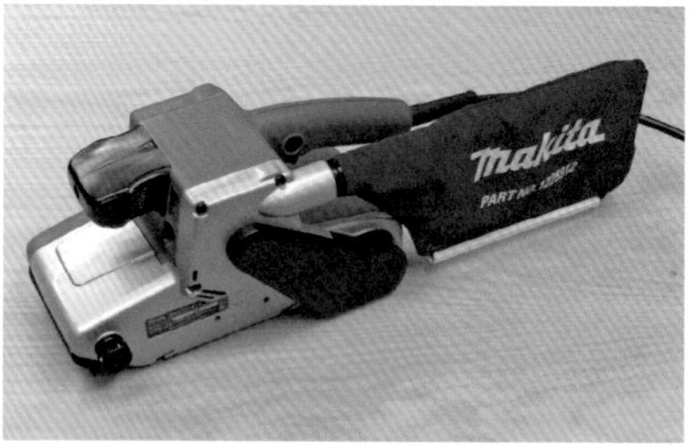

砂帶機。使用專用的砂帶。多是以兩手使用，不適合砂磨小型構件。

還需要準備備用的專用砂帶，成本也較市售砂紙更高，所以建議先從砂紙機買起。

以專用的夾具固定在工作桌上，使用方式與固定式砂帶機相同。磨削面積小，所以適合用來製作手工藝小器物等。

選擇充電工具的電壓

充電式電鑽起子機開始變得普及的時候，當時的電壓是7.2V的鎳鎘電池。在當時已算是劃時代的發展。幾年後，9.6V鎳氫電池的充電式衝擊起子機變得普及，再後來發展成鋰電池，變成14.4V。現在則是18V。木工作業中有許多的機種，正快速汰換成100V。電池的電壓將愈來愈高，未來木工使用的機種，可能會全部變成電池式。

至今為止，我使用了7.2V至18V的充電工具。以前家具工坊中，主要用來鑽螺絲孔的充電工具只要14.4V就已足夠。現在則有使用18V的圓鋸機、電鑽、手提線鋸機、集塵吸塵器等，許多的電動工具都已汰換成充電式。本工坊的18V充電工具也逐漸增加。

在木工中用來鎖螺絲，10.8V操作容易也更為輕巧，現在幾乎已經不用中間等級的14.4V。

考量以上狀況，在選擇電壓時，建議一開始先準備18V，就可對應全部用途。接著再添購小型的10.8V，拿來鎖螺絲、鑽孔已經足夠。

未來，電池技術將更加進步，我想幾乎所有的電動工具都會變成充電式，到時再視情況汰舊換新。

電動工具的修理

電動工具不像家電有長期的保證。

壞掉或零件損耗，就需要修理。可以自己購買零件來做簡單的修理，但所有的風險都要自行承擔。

因為零件組裝複雜等原因，有時很難自行判斷要修理哪裡，也可能導致更嚴重的損壞、或讓自己受傷。雖然我想把木工當作興趣的人、甚至是專業木工師傅，多數人都手指靈巧，但要修理工具還是交給原廠牌的專賣店、營業據點，比較不會發生問題。

購買木材與保存

高田製材所是日本國內規模最大的闊葉樹材供應商。供應的樹種也很豐富，讓人百看不厭。

木材要在哪裡購買

家具工坊所使用的木材，通常採購自木材行、製材廠、裝潢木材行等。

以木材行為名的店家，其中大多數是販售建築用木材、合板等，也有專門販售製作家具的木材的木材行，但存在感不是太高。

只不過，現在因為網際網路普及，只要用相關的關鍵字搜尋，很容易就能找出周邊有什麼樣的木材行。也有店家會針對業餘木工愛好者的需求，將木材裁切成他們容易處理的大小來販賣。

專業性高的闊葉樹材

家具木材因產地的不同，販售的貿易公司、通路有所不同。例如黑核桃木和櫻桃木等北美木材、水曲柳和櫟木等俄羅斯木材、日本國內木材專賣店等，木材行會根據產地的不同而販售不同的材種，不同店家專精的材種也不一樣。專精一詞中也包含價格，可能可以用較便宜的價格購買。

首先，店家要自己逐家探詢，確認是否有販售符合自己製作目的的材種？是否願意賣給自己？

附近沒找著，就需要擴大尋找的範圍，不妨想成是為了找到好的材料在尋寶，以兜風的心情來尋找也是樂趣之一。

發現所需材料的消息，就聯絡對方看看，詢問是否有自己想要的材種、是否能販售給自己。

裝潢木料行等也有一塊一塊分別標價的店家，其中也有昂貴的板材，有時候反而可以用便宜價格買到受損、長度尷尬的木材，或是舊板材會打折賣等，找到寶物時的心情特別不一樣。

在我的經驗中，也曾找到一整塊好到讓人起雞皮疙瘩的黑核桃木原木板。

附帶一提，我不殺價。因為是要長期來往的人際關係，我認為建立用錢也買不到的信賴關係更重要。不過有些地區或許因為商業習慣不同，殺價是理所當然也說不定。以該地域的習慣為優先即可。

購買便宜的原木

如果是在製材廠購買，能購買整根原木，也可以請他們幫忙製材。能切成直紋、山形紋，或分成好幾種厚度。

未經加工狀態的原木。雖然便宜，卻有無法預測木紋的風險。

請製材廠製材雖然需要加工費用，結果來說，買整根原木會最便宜。

只不過，原木看不出來板材的外觀。雖然有著能便宜買到的優點，但也可能紋理不如預期。當然就算後悔，也無法退貨。

此外，因為是還未乾燥的原木，必須花費長時間乾燥。有些製材廠設有乾燥機，到乾燥為止都委由他們處理，就能大幅縮短乾燥的時間。

拜託製材廠將原木予以製材。切割方式會影響外觀，怎麼切割相當重要。

擁有製材機的木材行（製材廠），有的會事先將一根原木切割成板材，堆成一整堆出售，價格比原木便宜。

如此一來，就可以檢查木紋、損傷、色澤等，但會變成需一次大量購買。優點是可使用同一木材製作家具，完成的家具的色澤、木紋容易配合。

有些木材行可讓顧客從成堆板材中選購，並以一塊為單位購買。價格因此會比較貴，不過可以只購買所需的數量，能依照預算採購。

設有乾燥機的製材廠，也能請他們處理乾燥，請事先詢問。

太挑東揀西也可能被店家討厭，保持良好關係比較有利。如果是第一次造訪的店，建議先了解可以挑選到什麼程度。挑選時，有時也會需要跟店家的人一起把板材翻面。

看著對方的手，配合他的動作，同時往橫向移動。木材行的倉庫裡堆高機會來來回回移動，為了安全，不要自己走遠、晃來晃去，盡量待在負責人的旁邊。

事先分割一整根原木，以整堆出售的材料。有著能檢查木紋、損傷等優點。

評估購買的數量

那麼，實際上在採購木材時，要以什麼當做標準來決定採購數量呢？

若是打算買很多，不僅要有能保存木材的空間；加上在使用前，最好先讓木材乾燥，需要堆放在工坊一段時間。即使是為了某種目的的購買，在居家裝修中心也不盡然能採購到所需長度的集成材。

舉例來說，製作一張桌子需要使用多少數量的木材？在熟練之前，應該是很難想像。因此在嫻熟家具製作之前，建議先避開大型家具，從椅凳等開始著手。這麼一來，不只能熟悉邊框與榫孔組裝，加上構件較小只要購買少量且短的材料，可以減少買太多的風險。

試著加工各式各樣的材種，掌握它們的特性以及自己的喜好，熟練了以後再開始製作大型家具。使用的材料數量也會增多，此時應該也會找到偏好的店家、有販售平價材料的店家等，還熟悉了購買方法。已經確定要製作的作品時，先在家中根據設計圖整理出所需的構材，大致掌握需要的總數量。因應使用的構材，相同的材種採購數種不同的厚度。

根據要使用的材料，即使是同一種材料，我自己則會採購一點五倍至二倍的量，避免不夠。

從國外進口的材料中，有許多是在該地製材、定下寬度後，再經人工乾燥製成商品，並以成捆的單位進口，木材行再向進口商進貨來販售。

木材行的庫存裡，同樣的材種會有好幾捆，每捆木材包含不同長度、厚度的材料。厚度愈厚價格愈貴，厚度二倍以上，價格也會是二倍以上。以我來說，雖然也會買到如小山堆積，但大多數就算比較貴，也會只選好的板材購買。比起買到不好的板材，在製材率、乾燥的時間等的風險較少。

從成堆的板材中選一片時，要請店家幫忙拿出來。要看正反面時，有時會需要一起將木材翻面。

為了搬動沉重的木材，堆高機會來來去去，行動請遵從店家的指示。

進口木材的厚度多數以英寸為單位，大多以25.4mm=1英寸為基準而標示為4／4。依厚度會標示為4／4、5／4、6／4等。

例如5／4是4／4＋1／4，所以厚度是25.4mm＋6.35mm=31.75mm。不過，考慮到多少會有誤差、彎曲、反翹等，會買厚一點的規格，或是實際拿尺測量看看。

此外，從外國進口的材料長度規格，有的也會以英尺標示。

日本的家具以膠合板尺寸為代表，大多是以約1.8m為基準。考量到會有裂痕、木紋是斜的等狀況，我不會選剛好尺寸的木材，而會從7英尺（2133.6mm）、10英尺（3048mm）、14英尺（4267.2mm）之中挑選。

至於價格標示，單塊板材會標示該塊板材的價格；而一整堆的購買方式，負責人則會告知整體的價格。

若是從成捆的木材中選擇，每一塊的價格都不同，由於混著各種寬度的材料，所以不會寫上價格。此時，價格是以成捆的材料單價與購買的板材體積（材積）來計算。一般來說，單價多數是使用立方公尺（$1m^3$）來計算，例如一塊長1800mm、寬250mm、厚35mm的板，假設1立方公尺單價為四十萬日圓，$1.8m \times 0.25m \times 0.035m \times 400000 = 6300$，一塊是六千三百日圓。

不知道材料的單價就無法跟其他木材比較；也不知道厚度不同時是否比較貴，購買時請務必詢問清楚。

購買時，一定要攜帶5m左右的量尺與計算機。

在當地製材、乾燥過後的進口木材。以成捆單位販售。

從堆積成山的木材中，選出自己心中理想的那一塊。對木工師傅來說很有趣。

從成堆木材中選一塊購買時，為了計算該塊板材的材積，量尺是必備品。

選好的材料，自己也要能算出價格。

針葉樹材與闊葉樹材

家具工坊所使用的材料幾乎都是闊葉樹材。我因為也會製作日式門窗，門扉等的邊框會使用針葉樹材；不過家具這一分類，幾乎都是使用闊葉樹材。

一部分抽屜的底版、櫃子等，會使用就算是薄板也不會反翹的針葉樹材。

同為針葉樹材，屋久杉、神代杉等高級樹種也會用來製作榫接家具、器物。

工坊裡用來收納材料的架子、工作桌等，也常使用建築用木材，這些材料也可在居家裝修中心購買。

材料的保存與乾燥

還未完成乾燥的木材，無法帶回工坊就能馬上加工。依據厚度，有些需要花好幾年時間乾燥。有一定厚度的家具材料，會花上約五年的時間乾燥。20mm 左右的板材，要花約三年乾燥後再切割。已經乾燥完成的木材，當然就可以馬上使用。

工坊內存放材料的地方。一定要在平放的材料之間放進木條。

從製材算起的乾燥期，薄板通常是二到三年；考慮到乾燥不足時的收縮，製作家具使用的材料必須花四到五年。若是在靠近地面處乾燥，請記住在乾燥到一定程度後可能就無法更乾燥了。

未完成乾燥的木材，存放在不會淋雨、日曬之處，堆疊時一定要取適當的間隔放入木條。不放木條就堆起來會沒辦法變乾燥，甚至導致產生污漬或發霉，削切掉也無法消除痕跡。

木條一定要放在靠近兩端之處，中間以 90cm 為間隔放置。薄板的話，要以更小的間隔來擺放。

下一層的木條也要擺在相同位置。不這麼做，就會在反翹的狀況下乾燥。

第一層的板材因為靠近

地面，要用角材、磚塊墊在下面。若是變成熟客，或許製材廠會願意幫忙存放一段時間，讓木材變乾燥一點。

此外某些季節，帶有樹皮的材料，可能會有蟲跑進去。大多數的情形是只在樹皮內側，但也有蟲會往內部啃食，所以建議去除樹皮。

約一年過後將木材移進屋內，白天將窗戶打開以利通風。梅雨季或在多雪的地區，該時期則會一直關著窗戶。要與在屋外乾燥時同樣的方式擱置木條，較為理想。

長型木材要依照材料種類決定存放處，也需要將不同厚度的材料分別堆放。我的材料倉庫的高度達3m以上，板材是直立且分門別類豎起來保存。直放的話搬動時比較容易施力，可以減少勞力，挑選、分類也變得輕鬆。但水分容易累積在下方，因此乾燥會以平放較為穩定。

保存時將長型材料豎起。時而上下翻轉為佳。

購買的時機

不只我的工坊，一般木工師傅的工坊隨時都會有庫存量。如前述，採購的材料雖然依據厚度有所差別，至少需要乾燥三到五年，所以有必要多儲備一定的數量。以我來說，購買材料的時間點，通常是在確定要製作的作品時、手上的材料變少時、木材行發傳單來時。

除此以外，我常去的木材行開車要約兩小時，所以大概一個月去一次。

這種時候，有時會遇到意料之外的好材料。

運送與保存

買下木材後需要搬回自己的工坊，如果是短的材料，就直接堆放在自己車上搬回去。

購買的是少量的長型材料時，木材行會請貨運公司送貨，不過貨運公司只會送到門口，必須自己搬進工坊內。

有些公司可以幫忙搬到指定的地點，如果是這種情況，請事先準備一個離卸貨處不遠的存放場地，並且思考下雨時該如何因應。

也可以拜託木材行保管，改天再租車去搬。我也會利用以小時為單位租借的租車來搬運木材、家具。自己有卡車就需要花費購買、保養的費用。

如果大量購買時，有的木材行也會幫忙配送到存放地點。這種時候，木材行的人會幫忙搬進倉庫，所以前一天要先騰出存放的空間。各店家的服務不同，請事先確認是否會幫忙搬進倉庫。

如果還能幫忙堆放，千萬要記得準備木條。

製作時要考慮木材的伸縮

無論是天然乾燥或人工乾燥，一般人會以為已經乾燥過後的木材立刻就可以使用，實際上因為內部還殘留水分，在以帶鋸機切割後仍需要存放二到四星期，讓內部的水分蒸發，進一步乾燥後才能著手削切。

常言道木頭會呼吸，這是真的。我有一台可以測定木材內部的高頻含水率測試儀，曾經拿來測量過。

以好幾年為單位，比較同一塊乾燥過後的闊葉樹板，在濕度高的時期與乾燥的時期，不出所料數字在百分之二十、百分之三十之間來回。

因此，抽屜的側板如果是在空氣乾燥的隆冬製作，等到濕度高的梅雨季時木材就會延伸，會讓抽屜打不開。

從這件事就能知道，重要的是鳩尾槽前後的空隙、抽屜的調整，必須掌握，在製作時該濕度下的材料之後會延伸還是萎縮，並將這部分的伸縮納入考量。

以高頻含水率測試儀量測定木材內部的水分。材料在要削切之前，數字至少要為百分之十幾的乾燥程度。

販售木工作品
（從開設工坊到販賣上軌道為止）

會想了解本章的讀者，應該是想知道如何從興趣更進一步以木工賺取收入。

當因興趣、樂趣製作的作品售出而獲得金錢，那份喜悅加上看到客人開心的笑臉，應該會湧上還想繼續製作、想賣出更多的欲望吧。

因興趣而製作的人，作品販賣所得的銷售額，可以當成資金、或是購買接下來的材料及機械而樂在其中。

若是想當做退休後的收入，拿來稍微補貼退休金，小東西等不太需要體力的作品，也可能獲得足夠收入。

應該也會有讀者想正式成立家具工坊，在未來獨立開業。接下來的文章，是基於我自己的經驗、認識的人的交流，綜整後希望提供給這類讀者閱讀的內容。

有沒有參考價值，可能會因木工型態有所差異，本章內容即使只有一小項，希望也可以帶給各位啟發。

招攬客戶

希望以網路招攬客戶的主流手段，是開設網站。

清楚列出作品、地點、主辦單位等，可獲取高度的信賴。

要讓網頁容易被搜尋到，需要申請專屬網域，並且一定要以當地語言製作。在搜尋家具工坊時，通常不會輸入Furniture studio這些詞彙。工坊名稱若是「家具工坊OOO」，建議網站名稱也使用同樣文字較為有利。

現在有許多人利用社群網站來招攬客戶，因為人們會依家具、室內裝潢等分類資訊聚集在一起。也可以將自己的網站連結Facebook、Instagram等，如此一來，就算搜尋時找不到自己的網站，客戶也可連到自己的網站。

我還經營著木工工具店，

許多的木工師傅會來訪。客人之中，有些只用Instagram招攬客人，就算如此，訂單還是已經排到一年後。也有人和客戶的聯絡往來，只用手機不用電腦。只不過以我的經驗來說，要出現效果至少需要半年。沒有出現效果一定是有什麼原因。

在真實世界中招牌帶來的效果，有意想不到的訂單、可長期招攬客戶，並且是引領客人到訪的道路指示牌。務必讓家具工坊這幾個字夠大夠顯目。光這樣就已經很有效果，有興趣的人一定會看到。

我的家具工坊稍微偏離主要道路，所以在主要道路沿線豎起了醒目的招牌。也有隔壁市的人看到招牌而下訂，所以沿著主要道路的招牌有著擴大招客範圍的效果。我想工坊位於主要道路沿線絕對有利於招攬客戶。

善用宣傳範圍廣泛的媒體也是有用的方法。地方報、在地有線電視、地方電視台，所有的媒體都在尋找採訪對象，請一定要答應接受採訪。即使當時收效甚少，但至少可提高知名度，為日後帶來更多的訂單。

個人經驗是在還沒有網際網路的時代，曾有地方電視台的工作人員看到我接受在地有線電視採訪的影片，因而後來，還在全國性的晨間生活資訊節目播出。

雖然是我三十歲後半的事，使用手工具製作家具的工匠在當時已經很少見。

拍攝的是介紹我製作產品的過程，該產品是來自我妻子在木工職業學校時製作的兒童椅。

當字幕跑出電話號碼後，電話立刻就響了，直到下午兩點都沒有間斷，之後響到晚上和持續到隔天早上。兒童椅原本因為價格昂貴而不容易賣出去，那一次卻接到一百三十張的大量訂單，花了半年才製作完成。結束後，靠著椅子的銷售額，買了新的機械與兩堆材料。

通常我一次會製作十二張，每一次製作後都會加以改進加工方法，製作時間也相對縮短了。

後來，因為第二個小孩出生了、孫子增加了等持續有客人回購，那張椅子成為長期暢銷的暢銷商品。有趣的是，八成的消費者都是來自首都地區。

如上所述，有各種招攬客戶的方法。嘗試各種方法，招攬到足夠的客戶就不會是遙不可及的事，畢竟什麼都不做就不會有人來。

尋找工坊

若想要正式開始經營家具工坊，DIY式的車庫工坊空間太過狹窄，也需要以製作的作品大小來思考工坊的規模。如果要找尋適合的地點，閒置的倉庫、空屋等考量到噪音問題，應該就會找到郊區。重要的是還要有能允許四噸卡車通過，可用來運送機械、木材等的道路。

要在郊區購買或租借既有的建築物，耐心尋找的話，我想應該可以找到如家具工坊進行小型木工的場所。

雖說如此，機械數量比最初預想的更多、想增設展示空間、想要專門用來塗裝的房間、材料逐漸增加等等，也不知道會再增加多少需求，所以理想上最好能找寬闊一點的空間。

要蓋新建築，也不知道建照申請會不會通過。購買土地前，請前往市政府的都市計畫科、建築管理處等，詳細查詢該土地是否能建造工坊。也曾聽過案例是未仔細調查就買下土地，最後工坊的建照沒有通過。

我花了一年時間在居住的城市裡的郊區四處尋找，找到第一間要拿來當做工坊的房子，卻遇上突然開始整地讓道路消失，導致發生無法抵達工坊的意外事件。

之後過了十五年，我在那座工坊裡製作家具，卻經歷了各式各樣的事件：配電箱因雷擊火花四散；嚴冬時，工坊裡的溫度只有二度；正當最後塗裝完成時就下起雪，又得從頭開始；下大雨的隔天雨水流進來，整片土地變成池塘等。其他還有跑進黃蜂、蜈蚣、蛇這些家常便飯，妻子常抱怨就算強盜來了大聲呼喊也不會有人來營救。

經營那座工坊大約十年之久，工作量開始增加，覺得工坊空間愈來愈不足。為了提升作業效率，也認為必須增加設備，在那個時候開始思考要搬到更大的工坊。

請教了專家前輩，給了建議：「手柴君，木工師傅沒有錢，可以考慮買法拍的土地」。

對我來說，前輩的建言是一個重要的契機，促使我付諸行動。

回家以後開始研究法拍，約莫三年後，終於用便宜的價格買下接近自己希望的條件三百坪以上的法拍土地。

因為我是商會會員，建築物可以申請低利貸款，最終蓋了包含工坊、倉庫、塗裝室、展示空間、辦公室大約七十坪。設備也隨之增加，提高了產量且利潤也變多了，順利償清貸款。

在百貨公司、展覽會銷售

◆百貨公司

百貨公司經常會舉辦手工家具、手工藝品等活動。這些活動銷售的規則、條件，各家百貨公司都不相同，若是考慮擺攤，建議直接洽詢。

在百貨公司銷售就能當場知道客戶的反應，也能掌握容易售出的價格範圍、新作品的靈感。

此外，跟其他店家交流，能夠得到許多的資訊。我在參加活動最強的感受是，賣得很好的人，作品的品質當然不用懷疑，更重要的是展示方式高超，能讓作品看起來更好。

缺點是百貨公司會收取相當的佣金，然而一開始很難靠自己招攬到足夠多的客戶。百貨公司的活動，是能一次獲取未知資訊的寶庫，也是進一步跨入展覽會的契機。

◆展覽會

展覽會是以自己的作品換取收入的大好機會，也是提升知名度、增加潛在客戶的機會。

現場可以直接獲取顧客對作品的評價，就算便宜賣也要銷售庫存作品，有助於下一件作品。

一開始，先減少展現自我且以設計性為主的作品，多製作實用性的家具，比較容易賣出，還有重要的是作品不要太大。雖然有時候也會有客戶想購買，作品尺寸卻略大，因而按照他家的大小另外下訂單。但還是販售既有商品獲取現金較為理想。

展場通常是在出租用的展覽廳等，需要支付租借費用。也有些地方可以免費借用，但多數無法直接販售，一般會在作品名稱的背後寫上金額，無法在當場出售。

重要的是該如何讓人來參觀，宣傳不可欠缺。參觀人數的多寡，是影響訂單的關鍵。

百貨公司的活動會由百貨公司宣傳，展覽會則要自己來。只是在入口放看板，就只有路過的人會來。效果最好的還是媒體，電視、新聞、地方

展覽會可提升自己作品的知名度。

報等。針對媒體，首先要寫企劃書，包含自己是誰、什麼時候、在哪裡、要做什麼，還有作品的照片、製作家具的概念與想法等。將企劃書郵寄給各大媒體，可以提高被採用的機率。當然也要在官網、社群網站宣傳。

也請務必準備訪客留言簿，還有提供他們可以帶回家的傳單、明信片、名片等，就算訪客當場沒有購買，也可能因這些變成潛在客戶。

沒有辦過展覽會的人，就算是跟其他領域的人也好，建議先參加聯合展覽會。

個人要舉辦展覽會，需要大量的時間、金錢、體力。在沒有專業知識之下，由個人舉辦展覽會，不僅耗費預算、時間，也很難增加銷售額。

要準備的事項很多，如租用場地、宣傳、布置、運送與裝卸等。和在百貨公司的活動一樣，為了獲取舉辦展覽會的專業知識，先以少量的作品參加聯合展覽會，累積多一點的經驗比較重要。

◆工坊展

以我的經驗來說，最容易的是在自己的工坊舉辦工坊展。

不需要花費場租、不用布置和運送、也不會被收取佣金，有許多好處。

只要搬動平常在用的機械、工作桌，就能空出展示空間。

我在約二十年前舉辦工坊展時，三天之中來客絡繹不絕。關鍵在於宣傳，宣傳到位的話就算在山裡面也會有人來。

展覽會、工坊展請多準備小東西。來客中有所共鳴的人，即使沒買家具也會買的就是小東西，建議先製作各式各樣的小東西。

在我的工坊展，光賣掉的

小東西就賺到一個月的收入。我在那時想起木工師傅前輩曾說，連廢木料都賣得掉，所以製作了保留原本木紋的花架，確實賣得很好。就算只是在裂開的板材加上一個楔片，就能轉變成精美的工藝品。不要浪費廢木料，運用巧思將它們變成作品。

利用網際網路銷售的優缺點

網際網路出現後，徹底改變了銷售方式。

我是在一九九九年開始使用網際網路，馬上就親身體會到網際網路的無遠弗屆，是連結賣家與買家的有力工具。當時很少有家具工坊製作網站專頁，而我因此收到來自東京、神戶、沖繩等地的家具訂單，另以家具宅急便寄送。這件事可說是大大改變了家具工坊製作的家具的銷售方式。

在網頁上展示作品，就只有對該作品有興趣的顧客會點閱，因此經常會直接下訂。如果刊登的作品販售出，也可以當成常態商品事先生產，多製作一點就能提高產量，這樣做的優點是容易提升利潤。

網路銷售的方法與時俱進，從在網頁販售，到常態商品在購物中心設櫃，或在社群網路、手機APP內販售等，管道愈來愈多。

缺點是就算被搜尋到，也容易被拿來跟其他工坊的作品比較。作品在網路上展示，自己的設計也可能會被同業模仿。

以電子郵件跟顧客聯絡的情形變多。依據不同客戶有所差別，有些往來信件內容很長、有些則是很簡潔。

也因此會有漏看、誤會等情形，在聯絡過程中，有必要對已經決定的事項，互相確認是否同意並在電子郵件內文中敘明。

如果是高價的訂單，就算路途再遠也要請對方過來一趟，可以減少彼此的想像不同等的糾紛。光憑影像，無法傳達作品的質感、椅子的重量與舒適與否。

透過網際網路，訂單從鄰近處拓展到遠處。也因此，問題（抱怨）發生時，說不定得要跑一趟遠處。能當場解決最好，也可能演變成不得不把商品搬回去的情況，為了避免這種狀況發生，必須能掌握木材的狀況，以純熟的技術製作。

如何賺取足夠的利潤

販售的作品若成為常態商品，每一次製作都可以改進生產效率，完成時間會愈來愈短。建議椅子等常態商品事先多做幾張。愈做愈多，生產效率就會愈來愈高。

雖然產品愈豐富就愈容易宣傳，但如果只是一味製作新作品，就必須一開始邊思考邊做，或是有需要時就要製作治具，費時也費力。

利用機械可以縮短製作時間。增設作榫機、表面自動鉋木機等專業機械，會讓看起來費工、構件數量多的椅子榫卯加工，也能大幅縮短所需時間。

椅腳的間隔、直橫如果都相同，榫肩尺寸就可全部都設為相同，所有的榫頭也採用同一厚度，可以製作許多共通的構件。如果所有的榫頭都使用作榫機，一次可加工四到八個榫頭。加工速度遠勝推台鋸與平台圓鋸機加工。

表面砂磨時使用表面自動鉋木機，還可以克服木紋，就不需要再用平鉋。

要以專業木工營生，就必須考慮採用專業機械，也因此需要有足夠寬敞的工坊。

問題會出在塗裝。要多次上漆、或是要等很久才乾等，這些都很花時間和精力。加上要避免有塵埃，因而無法進行塗裝以外的加工。我的塗裝方式大多是以雙液型聚氨酯塗料塗噴，像是書桌，天氣好的時候一天就可塗裝完成。當然這些塗料都是甲醛含量最安全的等級（F☆☆☆）。販售現成家具的家具行，幾乎都是使用這類塗料。

理由是快乾，到拋光為止的等待時間短，可形成強韌的皮膜。

在工坊中若能隔出塗裝空間，這麼一來塗裝時也可以進行其他作業，比較有效率。本工坊也設有塗裝室，在塗裝時同時進行其他的加工。

有的客人會要求使用天然塗料，這種情況我就會使用OSMO公司的塗料。不需要高超的塗裝技術或特殊設備，只需要塗刷即可，這種塗料的皮膜有夠強的耐久性。

培養扎實的技術

嫻熟的木工技術是提高利潤的捷徑。如果沒什麼其他顧慮，未來想以製作家具為生，建議就讀木工職業學校。可重新學習原本獨學習得的木工技術，從基礎開始培養扎實的技術。我的妻子在年輕時也曾就讀木工職業學校，看到她製作的家具、小東西時，會驚訝才一年時間就能掌握高超的技術。

不同的學校也各有特色，選擇學校時，可前往各校的校慶等活動，務必親眼確認哪間學校能夠學到自己想要的技術。有些學校可能很遙遠，但可能有政府補助，建議一定要研究清楚並制定相應的計畫。若想要更進一步磨練技術，建議在木工廠就職。

製作的速度，不僅專業人士與業餘者不同，跟在學校時也有差異。為了能提升利潤，也要學會實務上的製作速度與技術。

高中畢業後，我在門窗店工作了十二年。在工作環境中，自然而然地學會糊紙門窗、原木門板、空心門、製作家具、塗裝、玻璃切割等各項周圍同事的實務技術。

很照顧我的高中來的委託而製作的講台。因為是首次製作，也加入了意外成本，慎重地做了估算。

身為專業木工師傅的定價策略

要為製作的作品設定價格時，材料費與人工成本占了很大的比例。製作的作品，可以從設計圖計算出所需的材料數量，考慮切割、鉋削的預留部分，推算出需要使用多少的木材。

也可以從自己的庫存木材算出材料費。如果要在製作時購買，還必須詢問木材行是否有存貨。製作費是一天的人工費乘上花費的天數，不過剛開始製作作品時，通常作業效率不佳，很難計算出恰當的天數。

人工費的多寡，如果是因為業餘愛好的延伸、或是在退休後用來稍微補貼退休金，一天的人工費不用設定太高也沒關係。若有家庭加上還要扶養小孩，就必須要有一般的平均年收。請依個人意願來決定。

以我為例，我認為一天的薪水，最少也要是兩位木工師傅的人工成本。假日不可缺少，因為並不是每天都在工作。

還有其他各種的費用，如車子的保養費、水電費、通訊費、營業場所稅等。支付相關的經費後，最後剩下的才是收入。我想讀者們應該已經了解，有效率的製作為什麼那麼重要。

為專業製作和販售做好心理準備

家具工坊等級的作品金額較為昂貴，顧客會期待作品品質與價格沒有落差，製造者也會因為接到訂單而覺得責任變得沉重。

這份責任包含，作品是否跟官方網站上的圖片、展示空間的展示品相同；訂製家具是否有依照討論的尺寸製作。

顧客抱怨時，必須要馬上處理。天然木材的特徵是木材隨季節變動而伸縮，可能影響抽屜、門的開關。當然要使用已充分乾燥的材料，也必須掌握因製作的季節導致的木材伸縮。

配合顧客需求製作的訂製家具，溝通時必須謹慎。如果是採用既有的作品尺寸就沒有問題；但根據顧客要求製作的作品，則必須從零開始。也可能在交貨時，因為不符合顧客的想像而收不到錢。首先畫草稿、設計圖，讓對方能充分想像，材質、最終塗裝的程度等也用廢木料做成樣本供顧客參考，確認彼此對作品的要求。之後再提供報價，確定訂單。

訂單一旦成立，就不能臨時更改金額，隨意更改會是與顧客產生糾紛的原因之一。雖然採購材料的費用可能比預期高、材料的製材率很差、又或是動手製作後比預想的更花時間。以前沒製作過的家具，必定會發生出乎意料的情況。沒有治具，一切都要從零開始。因此在提供報價時，要非常謹慎。

要為沒製作過的作品定價，即使是從事木工有多年經驗的我來說也非易事。

有件事如今可以當笑話看待。大約十年前，關照過我的高中校長請我製作一座講台。我本來就想製作一座像國會議事堂裡的那種講台，收到這個請託，我腦中立刻構思了設計圖和做法。

回家後，邊思考設計與結構邊畫成設計圖。校長很喜歡我的設計，等他看到我提出的報價後，笑咪咪地對我說：「手柴君，價錢這樣就可以了對吧」。

我在當下就明白話中含意，心想「糟糕，太便宜了，原來價格可以更高！」

那是我依據長年累積的經驗考慮天數等事項後的報價。校長沒有收起報價單，直直看著我，也就是說他在暗示我，只要我說些什麼，他就可以伸手修改報價。我從來沒碰過有顧客願意讓我修改提高價格，也從來沒這麼做過，所以那時我笑咪咪地對校長說：「沒關係」。

之後，我將講台的照片刊登在網頁上，接過好幾筆講台的訂單。後來接下訂單的報價比一開始的時候更高，製作所需時間也愈來愈短，這個講台成為一件容易帶來利潤的作品。

製作作品的設計與主題

觀察目前在日本的暢銷家具就可得知，大多數的設計是簡單、整體均衡。這類家具容易製作，在考量販售時是一個很好的概念。

另一方面來說，設計簡單的家具也容易出現雷同的產品，有必要在其中加入屬於自己風格的設計。

有些人會利用網路尋找設計、主題等的靈感，然而在找到喜歡的設計時，記憶就會留在腦中的某個角落，等到自己在設計和製作時，即使沒打算模仿也會受到影響。

生活在同一時代，同樣是日本人，理所當然就算設計相似也不稀奇，但還是希望能製作出獨一無二的設計。

針對自己的作品，並非馬上就可以找到一以貫之的主題。接受木工以外事物的薰陶也很重要，多去美術館等欣賞各式各樣的作品，總有一天能運用在自己的設計上。

我過去有段時間的作品很著重曲線，被妻子說：「你的設計很繁雜」。於是之後的設計愈來愈簡單，其中有以展現形形色色的材種為主題，如組合不同的材料來改變顏色，或是鑿出溝槽來組合不同的顏色。

前輩木工師傅的建議

資深的木工師傅是人生的前輩，他們的建議指引著我走上穩定提高利潤的道路。這些前輩已經克服了各位讀者接下來將面對的課題，持續經營著家具工坊。所以他們的建議是解決問題的捷徑。我達到收入穩定為止，也花費不少時間，在那段時間，曾好幾次被前輩的話語救贖。

我的家具工坊至今仍持續經營著，說起來都是因為實踐了他們的建議。最後我將分享一些銘記於心的建議。

沒有展示空間，就製作一張矮桌

我剛開始創業時，連展示的空間都沒有，有人跟我說：「先把一張矮桌做起來，有人就會看著它來訂餐桌，也會有書桌的訂單喔」。

實際執行後，果真訂單接連不斷。

要加入商會

成為會員，順利經營的話，就很容易申請貸款。

我用貸款購買了工坊、車子、機械等。成為商會的會員，不僅可以參加各種研習會，還可以得到專人的專業建議。

木工師傅通常沒錢，要買土地就買法拍

前面已經提過法拍，幸好我有遵從這個建議，而能買到自己的土地和蓋了工坊。

只不過，要研究法拍是怎麼一回事，必須收集大量的資料。因此，必須到法院或是法務局走動，了解法拍是什麼。

購買土地，是成為該片土地的所有權人。土地上能不能蓋家具工坊，則要去地方政府等處查詢。

要打造新的工坊，需要籌備好幾年，必須一步一步往前進，隨便就開業將導致失敗。

我踏上木工之路四十年，根據至今為止的經歷、前輩的建議等，寫下我能想到的內容。

從單純享受木工的樂趣，進一步發展到製作作品提供他人購買和使用，隨之而來的是身為製造者的責任。

這份責任不僅是避免製作的物品有問題、尺寸錯誤等製作上的失誤，還包含要遵守與顧客承諾的交貨日期。就算顧客喜歡，家具若是無法如期交貨，也會讓好不容易下訂單的顧客流失。

最後，再提醒各位讀者注意木工機械的操作方式。

先前已經重複許多遍，操作機械時千萬不可躁進。

接受訂單時，請以充裕的時間來安排交貨日，不要將工作安排到超過負荷。

為了不忘記製作東西時感受到的喜悅和樂趣，請制定充足的製作計畫，這或許是能避免意外、受傷，長久持續享受木工的最大訣竅。

協助採訪

股份有限公司高田製材廠
〒831-0041 福岡縣大川市大字小保802
TEL.0944-87-6568 https://mokuzaikan.com

參考書目

手作木工大圖鑑（講談社）
木材工藝用語辭典（理工學社）
改訂版 木工工作法（職業訓練教材研究會）
木工用機械（雇用問題研究會）

國家圖書館出版品預行編目資料

木工機械活用技法 / 手柴正範著 ; 林書嫻譯. -- 初版. -- 台北市 : 易博士文化, 城邦事業股份有限公司出版 : 英屬蓋曼群島商家庭傳媒股份有限公司城邦分公司發行, 2024.06
面 ; 公分
譯自 : 実践木工機械の活用と技法 : 曼陀羅屋店主が教えるテクニックとメンテナンス
ISBN 978-986-480-365-1(平裝)
1.CST: 木工 2.CST: 機械設備
474.1 113003601

DA1041
木工機械活用技法

原著書名／実践木工機械の活用と技法 : 曼陀羅屋店主が教えるテクニックとメンテナンス
原出版社／誠文堂新光社
作　　者／手柴正範
譯　　者／林書嫻
選 書 人／鄭雁聿
責任編輯／黃婉玉
總 編 輯／蕭麗媛

發 行 人／何飛鵬
出　　版／易博士文化
城邦事業股份有限公司
台北市南港區昆陽街 16 號 4 樓
電話：(02)2500-7008　傳真：(02)2502-7676
E-mail：ct_easybooks@hmg.com.tw
發　　行／英屬蓋曼群島商家庭傳媒股份有限公司城邦分公司
台北市南港區昆陽街 16 號 5 樓
書虫客服服務專線：(02)2500-7718、2500-7719
服務時間：周一至週五上午 0900:00-12:00；下午 13:30-17:00
24 小時傳真服務：(02)2500-1990、2500-1991
讀者服務信箱：service@readingclub.com.tw
劃撥帳號：19863813　戶名：書虫股份有限公司
香港發行所／城邦（香港）出版集團有限公司
地址：香港九龍九龍城土瓜灣道 86 號順聯工業大廈 6 樓 A 室
電話：(852)25086231　傳真：(852)25789337
E-MAIL：hkcite@biznetvigator.com
馬新發行所／馬新發行所／城邦（馬新）出版集團 Cite (M) Sdn Bhd
41, Jalan Radin Anum, Bandar Baru Sri Petaling, 57000 Kuala Lumpur, Malaysia.
Tel：(603)90563833　Fax：(603)90576622
Email：services@cite.my

視覺總監／陳栩椿
美術編輯／陳姿秀
封面構成／陳姿秀
製版印刷／卡樂彩色製版印刷有限公司

日版 staff
企劃編輯／株式会社 宣陽社
編　　輯／高島 豊
照　　片／山口 豊・手柴 正範
設　　計／山口 豊
插　　圖／手柴 あけみ
裝幀設計／谷元 将泰

2024年6月20日 初版1刷
ISBN 978-986-480-365-1
定價1600元　HK$533

城邦讀書花園
www.cite.com.tw